Bo Hanus

Wie nutze ich Solar- und Windenergie in der Freizeit und im Hobby?

FRANZIS
DO IT YOURSELF

IM HAUS BAND 13

Bo Hanus

Wie nutze ich Solar- & Windenergie in der Freizeit und im Hobby?

Leicht gemacht, Geld und Ärger gespart!

Mit 106 farbigen Abbildungen

Bibliografische Information der Deutschen Bibliothek

Die Deutsche Bibliothek verzeichnet diese Publikation in der Deutschen Nationalbibliografie; detaillierte Daten sind im Internet über **http://dnb.ddb.de** abrufbar.

Hinweis

Alle Angaben in diesem Buch wurden vom Autor mit größter Sorgfalt erarbeitet bzw. zusammengestellt und unter Einschaltung wirksamer Kontrollmaßnahmen reproduziert. Trotzdem sind Fehler nicht ganz auszuschließen. Der Verlag und der Autor sehen sich deshalb gezwungen, darauf hinzuweisen, dass sie weder eine Garantie noch die juristische Verantwortung oder irgendeine Haftung für Folgen, die auf fehlerhafte Angaben zurückgehen, übernehmen können. Für die Mitteilung etwaiger Fehler sind Verlag und Autor jederzeit dankbar. Internetadressen oder Versionsnummern stellen den bei Redaktionsschluss verfügbaren Informationsstand dar. Verlag und Autor übernehmen keinerlei Verantwortung oder Haftung für Veränderungen, die sich aus nicht von ihnen zu vertretenden Umständen ergeben. Evtl. beigefügte oder zum Download angebotene Dateien und Informationen dienen ausschließlich der nicht gewerblichen Nutzung. Eine gewerbliche Nutzung ist nur mit Zustimmung des Lizenzinhabers möglich.

Satz: DTP-Satz A. Kugge, München
art & design: www.ideehoch2.de
Druck: Legoprint S.p.A., Lavis (Italia)
Printed in Italy

ISBN 978-3-7723-**4419-0**

Vorwort

Die Nutzung von Solar- und Windenergie in der Natur kann das Leben sehr erleichtern und macht zudem auch Spaß. Wo kein Netzanschluss zur Verfügung steht und seine Errichtung zu kostspielig oder aufwendig wäre, sind Sonne und Wind vorteilhafte und umweltfreundliche Energiequellen für eine bequeme und standortunabhängige Stromversorgung – egal, ob man mit einem Fahrrad, Auto, Caravan oder Reisemobil, einem Boot oder einer Yacht unterwegs ist.

Welche konkreten Nutzungsmöglichkeiten Ihnen Solar- und Windenergie bieten, erfahren Sie in diesem Buch. Und wie Sie die Installationen selbst in die Hand nehmen können, wird Ihnen in diesem Buch ebenfalls leicht verständlich erläutert.

Der Themenbereich ist recht umfangreich, aber da wir alles in erzählerischer Form beschreiben, lässt sich das Buch genauso leicht lesen wie ein guter Roman. Die einzelnen Themen werden gezielt diskursiv so beschrieben, dass Ihnen keine Stolpersteine die Zusammenhänge verschleiern. Viele Abbildungen sorgen dafür, dass Sie laufend im Bilde darüber bleiben, worum es geht und wie Sie das hier erworbene Wissen für Ihre Zwecke verwenden können.

Wir wünschen Ihnen, dass Sie in diesem Buch alles finden, was Sie sich erhofft haben, und dass Sie anschließend sowohl mit viel Spaß als auch mit einer Portion soliden Wissens an die geplanten Vorhaben herangehen können. Und selbstverständlich wünschen wir Ihnen, dass Ihnen alles, was Sie nach dem Durchlesen dieses Buches in Angriff nehmen, auch perfekt gelingt.

Ihr Autor Bo Hanus und seine Co-Autorin (und Ehefrau) H. A. Hanus-Walther

Inhaltsverzeichnis

Inhaltsverzeichnis

1 Solar- und Windenergie gibt es immer noch umsonst …

1 Solar- und Windenergie gibt es immer noch umsonst ...

Die technischen Nutzungsmöglichkeiten von Sonnen- und Windenergie beim Campen und Reisen mit einem Auto, Caravan, Wohnmobil oder auf einem Boot beschränken sich meist auf die Umwandlung dieser Energien in elektrischen Strom.

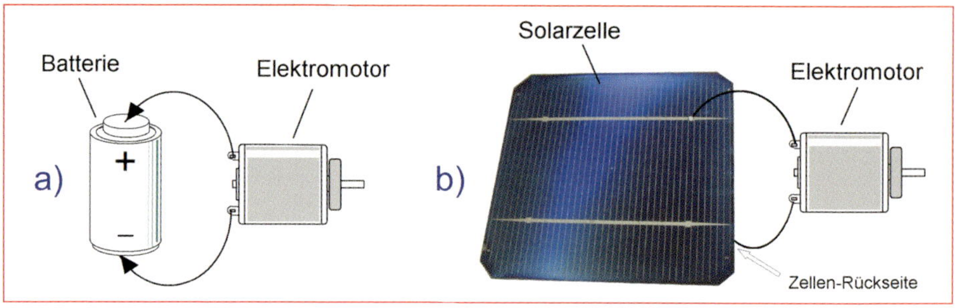

Abb. 1.1 – Eine Solarzelle funktioniert ähnlich wie eine Batterie, liefert jedoch elektrische Spannung und elektrischen Strom nur abhängig von der Belichtung: Eine einzige Solarzelle kann einen kleinen Solarmotor antreiben, der sich mit einer Spannung von ca. 0,45 V zufrieden gibt.

Elektrischer Strom gehört zu den flüchtigen Gütern, die sich nur bedingt einfangen, einpacken und in den Urlaub oder auf einen Ausflug in die Natur mitnehmen lassen. Überall dort, wo es keinen Netzanschluss gibt, bieten vor allem Solarzellen *(Abb. 1.1)* eine einfache und günstige Möglichkeit eigener Stromversorgung. Beim Campen, Wandern, Bergsteigen und bei vielen anderen Freizeitaktivitäten können Solarzellen bzw. ein aus mehreren Solarzellen bestehendes Solarmodul *(Abb. 1.2/1.3)* nützliche Dienste leisten, die auf andere Weise entweder gar nicht oder nur schwer erhältlich sind. Wenn dabei im Zusammenhang mit dem Transport gesteigerter Wert auf Mobilität, geringes Gewicht und wenig Platzbedarf gelegt wird, kann ein leichtes (flexibles) Solarmodul nach *Abb. 1.4* diesen Ansprüchen gerecht werden.

Leichtgewicht-, also flexible Solarmodule unterscheiden sich von „normalen" (festen) Solarmodulen dadurch, dass ihre Solarzellen nur zwischen zwei dünnen Kunststoff-Folien in einer ebenfalls dünnen Gussmasse eingebettet sind. Sie sind sehr leicht, dünn und, wenn sie mit kristallinen Solarzellen bestückt sind, auch relativ klein. Das macht sie für die Anwendung beim Campen und auf Reisen besonders attraktiv.

Abb. 1.2 – Da eine einzelne Solarzelle physikalisch bedingt eine zu niedrige Spannung (von ca. 0,45 bis 0,47 V) liefert, werden mehrere Zellen in Reihe (Serie) zu längeren Ketten zusammengelötet, um eine höhere Ausgangsspannung zu erhalten: Ausführungsbeispiel einiger handelsüblicher Solarzellenmodule (Solarmodule);

Anzahl, Größe und Anordnung der Solarzellen im Modul unterliegen keiner Norm und so liegt es nur im

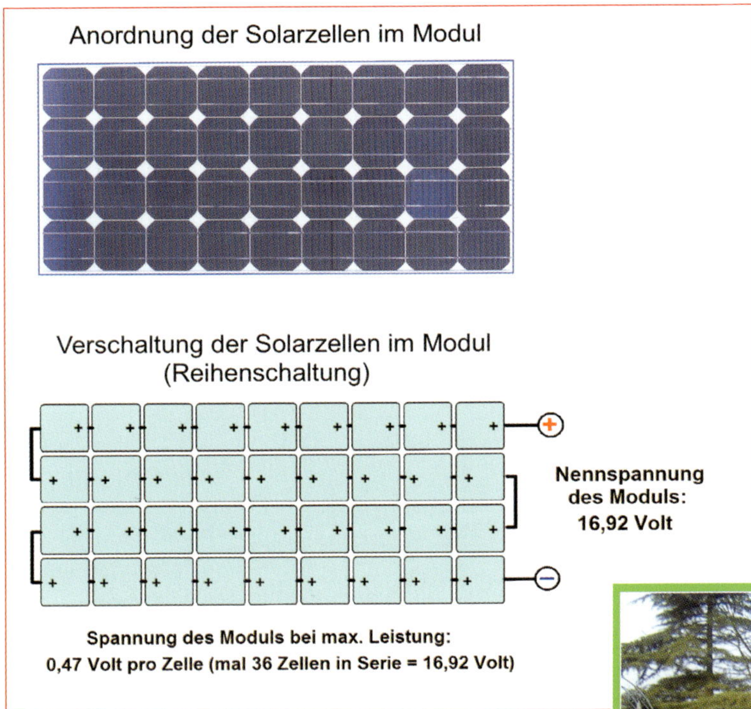

Abb. 1.3 – Solarzellen im Modul: Anordnungs- und Verschaltungsbeispiel eines Solarmoduls, das mit 36 Solarzellen bestückt ist.

Ermessen der Modul-Hersteller, wie sie ihre Produkte konzipieren.

Für eine bescheidene Stromversorgung – mit der sich auch die gängigen Solar-Taschenrechner zufrieden geben – genügt es, wenn die Solarzellen nur relativ wenig Licht (auch Kunstlicht) erhalten, um sozusagen auf Sparflamme arbeiten zu können. Ansonsten ist für die meisten Anwendungen eine ausreichende „Dosis" Sonnenlicht notwendig. Mit Kunstlicht ginge es zwar auch, aber ein derartiger Umweg eignet sich nur für Testzwecke.

Die konkreten Anwendungsmöglichkeiten von Solarmodulen werden anschließend in den einzelnen Kapiteln beschrieben.

Abb. 1.4 – Leichtgewicht-Solarmodule, die auch als flexible Solarmodule bezeichnet werden, sind in verschiedenen Größen, Leistungs- und Preisklassen erhältlich und eignen sich besonders gut für mobile Anwendungen: Das abgebildete kristalline Solarmodul von *Webasto* ist nur 430 × 295 × 2,6 mm groß, wiegt nur ca. 570 g und liefert unter optimalen Bedingungen eine Nennspannung von 17,1 V und einen Strom von 0,76 A bei einer Leistung von 13 W.

Gut zu wissen

Die Spannung einer *einzigen* Solarzelle beträgt bei optimaler Belichtung maximal nur ca. 0,46 bis 0,48 V (was im Vergleich zu der kleinsten Batterie als ungewöhnlich niedrig erscheint). Dafür kann eine solche spielkartengroße und -dicke Solarzelle (mit Abmessungen von z. B. 100 × 100 × **0,4** mm) einen Strom von bis zu 3 A (oder sogar etwas mehr) liefern – was eine Batterie der gleichen „Körpermasse" bzw. des gleichen Gewichts nicht im Entferntesten aufbringt.

Wie das Beispiel in *Abb. 1.5* zeigt, können Solarzellen, ähnlich wie Batterien, in Reihe (Serie) geschaltet werden, wenn eine höhere Ausgangsspannung benötigt wird, als ein einziges Element liefern kann. Im Gegensatz zu Batterien werden Solarzellen üblicherweise schon herstellerseitig in der Form von Solarzellenmodulen *(Solarmodulen)* angeboten, die bereits über eine „brauchbare" *Nennspannung* und *Nennleistung* (z. B. „**18 V/30 W**") verfügen. Gute (kristalline) Solarzellenmodule liefern dann diese *Solarspannung* und *Solarleistung* ca. 20 Jahre lang. Das stellt, im Vergleich zu einer Batterie, eine ganz stolze Lebensdauer dar.

Solarzellen wandeln die Sonnenenergie in Gleichspannung um, die mit dem Symbol „=" oder mit den Buchstaben „DC" *(direct current)* in der Form von z. B. „12 V=" oder „12 V DC" bezeichnet wird. Steht auf einem Verbraucher das Symbol „~" oder „AC", handelt es sich um einen Verbraucher für Wechselspannung, der für eine Gleichspannungsversorgung (für Solarspannung) nicht geeignet ist – es sei denn, die Solarspannung wird mit Hilfe eines zusätzlichen Wechselrichters in Wechselspannung umgewandelt.

Interessant

Der Strom, den eine Solarzelle liefern kann, hängt – bei gleicher Zellentype – von der Größe ihrer Fläche ab. Die Spannung einer Solarzelle bleibt dabei ohne Rücksicht auf die Größe ihrer Fläche praktisch konstant. Wird eine Solarzelle z. B. nach *Abb. 1.6* in zwei oder mehrere Stücke zerbrochen, hat jedes der Bruchstücke dieselbe Spannung, die die ganze Solarzelle hatte. Man kann an die Vorder- und die Rückseite eines kleinen Bruchstücks nach *Abb. 1.7* zwei Anschlüsse (Drähtchen) anlöten und diese Mini-Solarzelle wie eine kleine Batterie verwenden. Eine solche Lösung wird z. B. oft im Modellbau oder beim Experimentieren genutzt. Der Strom, den eine solche kleine Solarzelle liefert, entspricht dann einfach ihrer Fläche (siehe hierzu auch *Abb. 1.1* und *1.2* auf S. 10).

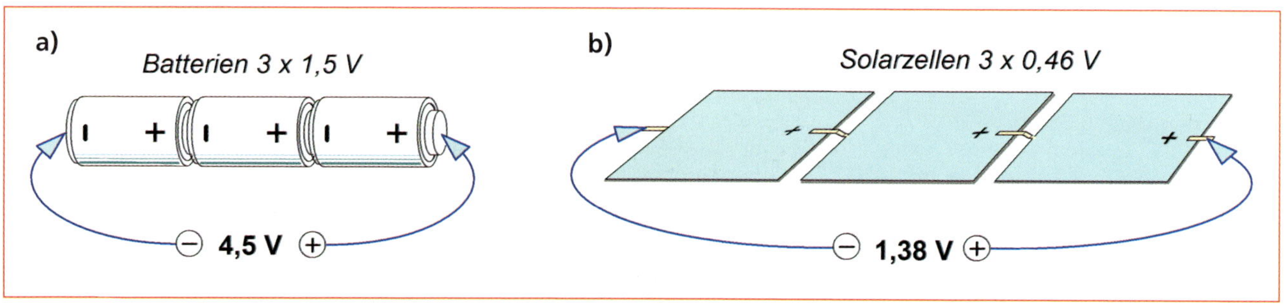

Abb. 1.5 – Ähnlich wie Batterien werden auch Solarzellen in Reihe geschaltet, um eine erwünschte höhere Ausgangsspannung zu erhalten: **a)** Batterien; **b)** Solarzellen.

Abb. 1.6 – Wird eine Solarzelle in zwei oder mehrere Stücke zerbrochen, liefern ihre Bruchstücke dieselbe Spannung wie die ganze Zelle. Der Strom, den die Zellen-Bruchstücke liefern, sinkt proportional zur restlichen Zellenfläche.

Fazit

Die *Nennspannung* (Spannung bei maximaler Leistung) eines Solarmoduls wird durch die Anzahl, sein *maximaler Strom* und seine *maximale Leistung* durch die Größe der verwendeten Solarzellen bestimmt. Daher werden für die Herstellung kleinerer Solarmodule die Solarzellen halbiert oder in noch kleinere Stücke zersägt *(Abb. 1.8)*, um Solarmodule mit kleineren Leistungen und angemessen hohen Spannungen herzustellen.

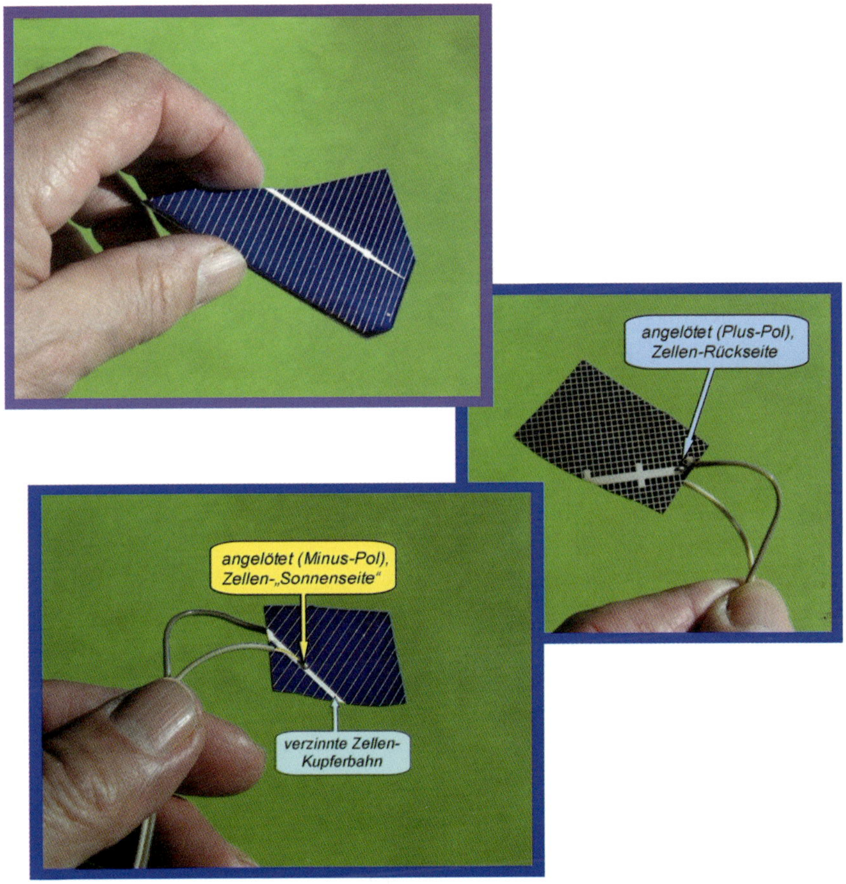

Abb. 1.7 – Auch die kleinsten Solarzellen-Bruchstücke funktionieren weiterhin als intakte Solarenergie-Quellen (elektrische Generatoren).

Abb. 1.8 – Für die Herstellung kleinerer Solarmodule werden Solarzellen in kleinere Stücke zerschnitten.

Allgemein können die Nutzungsmöglichkeiten des Solarstroms in folgende Aufgabenbereiche eingeteilt werden:

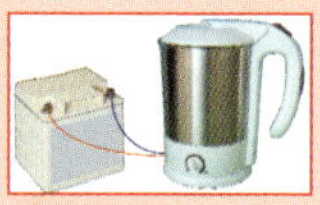

Solarstromversorgung kleinerer Verbraucher (Wasserkocher, Kaffeekocher, Heizkissen, elektrisch beheizte Fußwärmer oder Schuhe, beheizte Autositze)

Solarbetriebene Ventilatoren (solares Lüften im Wohnmobil oder Caravan, auf dem Boot, beim Camping)

Solarbetriebene kleine Kühlboxen für unterwegs

Solar-Kühlschränke im Caravan oder auf dem Boot

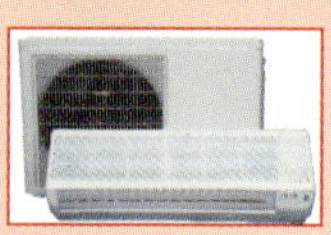

Solarbetriebene mobile Klimageräte (für unterwegs oder auf dem Campingplatz)

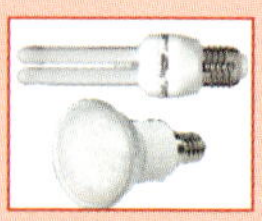

Solarlicht (Innen-/Außenbeleuchtung, Alarmbeleuchtung oder Alarm-Blitzlichter als Einbruchschutz im Zelt, Caravan, auf dem Boot oder Campingplatz)

Solarbetriebene Geräte der Unterhaltungselektronik (Fernseher, Radios u. ä.)

Solarbetriebene Elektrowerkzeuge und Arbeitsgeräte (Bohrmaschine, Staubsauger usw.)

Solarbetriebene Gebrauchsgüter (Notebook, Haartrockner, Rasierapparat usw.)

Mit Solarstrom unterstützte Bildübertragung (Funk-Baby-Überwachung, Beobachtungen der Natur mit einer Funkkamera usw.)

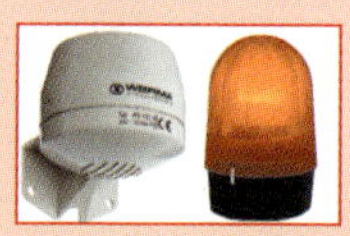

Solarversorgung akustischer Geräte (Alarm-/Einbruchschutz-Sirene, Baby-Alarm, Bewegungsmelder)

Solarbetriebene Pumpen und Elektromotoren (Luftpumpe, Springbrunnen, Mini-Wasserfall, Brunnen- und Bewässerungspumpe auf dem Freizeitgrundstück)

Solarbetriebene Spielzeuge und Modelle

Solarantriebe für Boote und Kinderfahrzeuge

Solarstromversorgung eines Musikinstrumenten-Verstärkers

Solargeneratoren für das Nachladen der Bordbatterien im Auto, Caravan und Reisemobil

Solarstrom-Anwendungen im Caravan und Reisemobil

Solarstrom-Anwendungen auf dem Boot/der Yacht

Die hier aufgeführten Beispiele dienen nur einer schnellen Vorstellung der konkreten Anwendungsmöglichkeiten, schöpfen jedoch bei Weitem nicht die tatsächlichen Möglichkeiten der außerhäuslichen Solarstrom-Nutzung aus.

In den Kapiteln 6 und 7 werden die Eigenheiten der Solarzellen und Solarmodule näher erklärt. Vorerst genügt es, wenn wir uns eine Solarzelle – bzw. ein Solarzellenmodul, das aus mehreren Solarzellen besteht, – als eine Batterie vorstellen, deren Spannung und Leistung sowohl von der jeweiligen Belichtung als auch von der Größe der Zellenfläche abhängen.

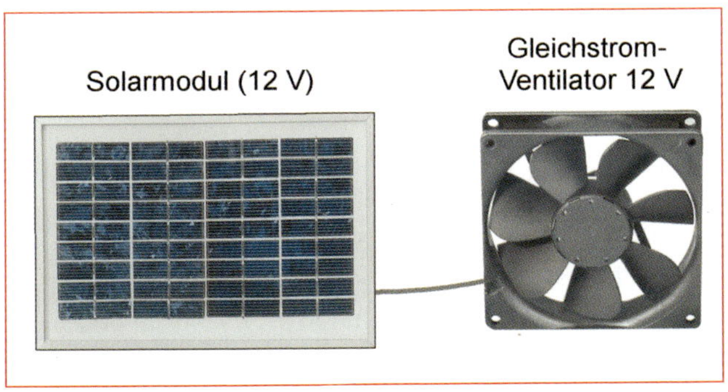

Geben wir uns damit zufrieden, dass ein Solar-Verbraucher (z. B. ein Ventilator) nur Strom erhält, solange die Sonne ausreichend scheint und auch nur dann nach *Abb. 1.9* direkt von einem Solarmodul mit elektrischem Strom versorgt werden kann.

Bei der direkten Solarstromversorgung richtet sich die jeweilige Leistung des betriebenen elektrischen Verbrauchers exakt nach der jeweiligen „Sonnenstrahlen-Spende". Am einfachsten lässt sich dies anhand des Beispiels aus *Abb. 1.10* erläutern: Bei viel Sonne zeigt der Springbrunnen, was er wirklich kann, bei geringerer Sonnenbestrahlung lässt seine Leistung sichtbar nach, und sobald die Sonnenintensität noch stärker nachlässt, gibt der Springbrunnen (= der Elektromotor der Pumpe) ganz auf.

Ist es erwünscht, dass ein solcher Ventilator oder eine Springbrunnenpumpe auf dem Freizeitgrundstück oder auf dem Campingplatz unabhängig vom Wetter und von der Tageszeit betrieben werden kann, muss ein

Abb. 1.9 – Wenn es genügt, dass ein Ventilator nur dann läuft, wenn die Sonne scheint, kann er vom Solarmodul direkt angetrieben werden *(als Bausatz erhältlich bei Conrad Electronic und Westfalia).*

zusätzlicher Akku (z. B. eine kleine Autobatterie) als Energie-Zwischenspeicher den Solarstrom vorrätig halten.

Von der Kapazität der verwendeten Batterie hängt ab, welche und wie viele Geräte und Vorrichtungen solarelektrisch versorgt werden können. Das verwendete Solarmodul muss dann eine ausreichend hohe Ladespannung und einen ausreichend hohen Ladestrom für den Akku liefern können (darauf kommen wir noch näher zurück). Eine solche Solaranlage ist im Prinzip ähnlich ausgelegt wie die Stromversorgung eines Autos – in dem allerdings (anstelle der Solarzellen) die vom Automotor angetriebene Lichtmaschine den Ladestrom erzeugt.

Auf den ersten Blick scheint die Verwendung eines zusätzlichen Ladereglers und eines Akkus aufwendiger und kostspieliger zu sein als eine direkte Stromversorgung. In Wirklichkeit ist es jedoch in den meisten Fällen genau umgekehrt: Bei einer direkten Stromversorgung muss die Leistung des Solarmoduls auf den vollen Leistungsbedarf des angeschlossenen Verbrauchers abgestimmt sein. Bei der Stromversorgung über einen Akku kann in den

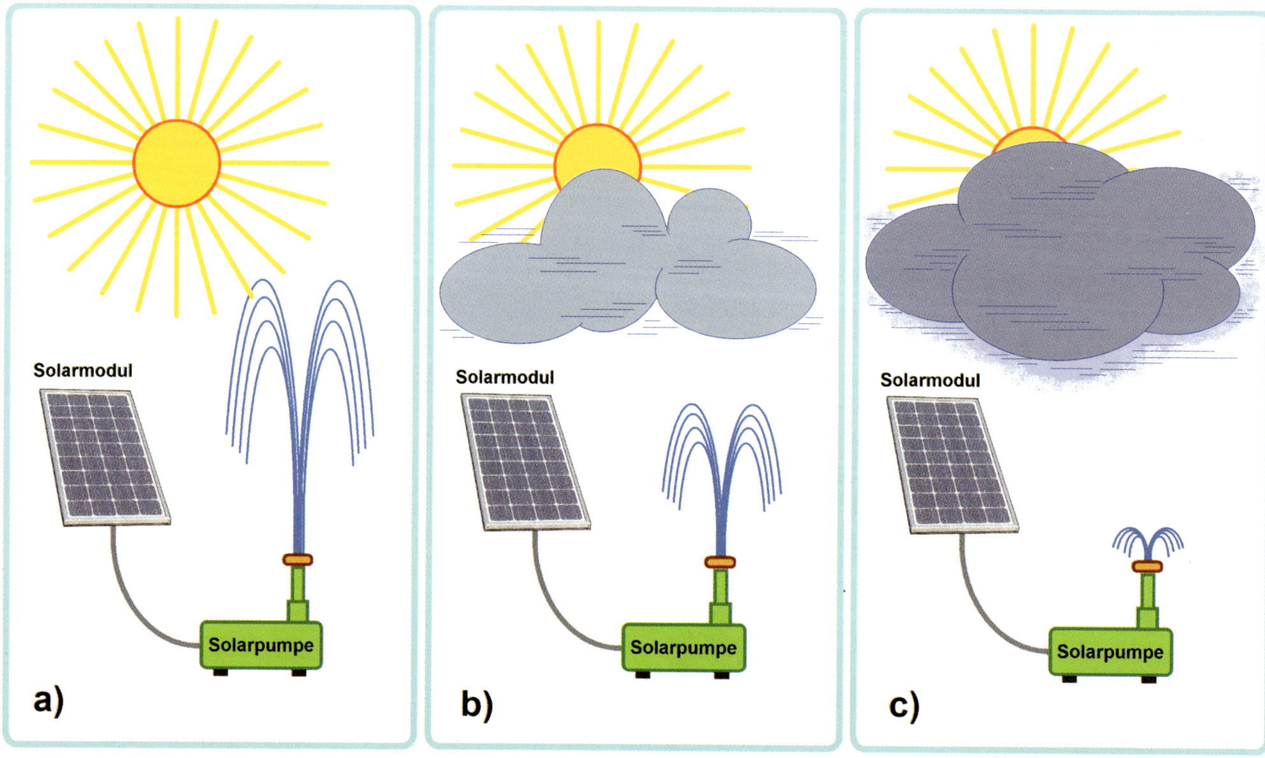

Abb. 1.10 – Die Leistung der Springbrunnenpumpe hängt von der Intensität der Sonnenstrahlen ab, die das Solarmodul jeweils erhält: **a)** Bei voller Sonnenbestrahlung erbringt die Springbrunnenpumpe ihre volle Leistung; **b)/c)** bei leicht bewölktem Himmel, sowie auch bei einzelnen vorbeiziehenden kleinen Wolken, wird die Fontäne etwas kleiner bzw. hört die Springbrunnenpumpe ganz zu pumpen auf.

meisten Fällen die Leistung des Solarmoduls wesentlich niedriger sein als der eigentliche Leistungsbedarf des Verbrauchers (bzw. der Verbraucher) – vorausgesetzt, die meisten solarbetriebenen Verbraucher werden nicht durchlaufend, sondern jeweils nur für eine kürzere Zeit genutzt.

Als Beispiel kann ein elektrischer Wasserkocher *(Abb. 1.12)* dienen: Der Akku (als Solarenergiespeicher) muss hier groß genug sein, um den Kocher-Stromverbrauch für die vorgesehene Betriebszeit decken zu können. Da es sich hier jedoch jeweils nur um einige Betriebsminuten pro Tag handelt, kann die Leistung des Solarmoduls beispielsweise bei nur etwa 5 % der Nennleistung des Wasserkochers liegen (vorausgesetzt, die solarelektrische Stromversorgung wird nicht auch noch anderweitig genutzt).

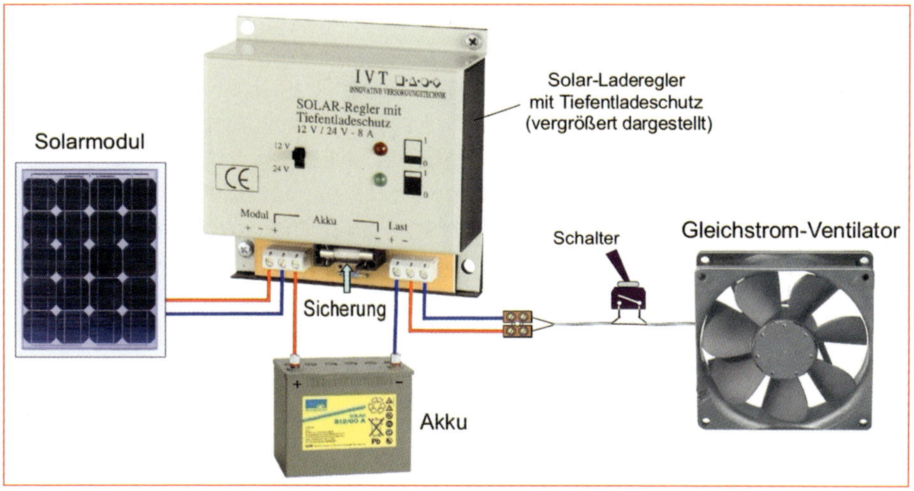

Abb. 1.11 – Ein zusätzlicher Akku ermöglicht den Betrieb des Ventilators aus dem Beispiel in *Abb. 1.9* auf Abruf: Das Solarmodul fungiert hier nur noch als Ladestromquelle.

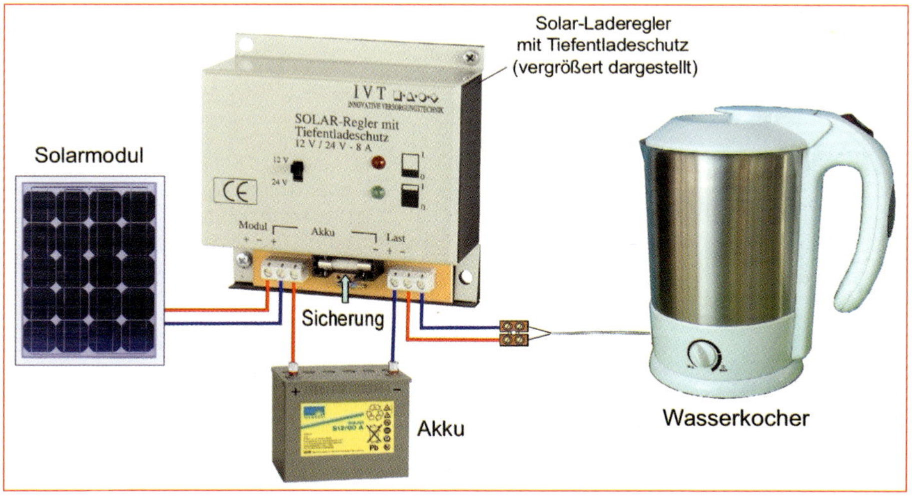

Abb. 1.12 – Ein 12-V-Wasserkocher verbraucht relativ wenig Energie, da er nur für eine kurze Zeit Strom bezieht.

1.1 Der Laderegler

Wir haben bereits in einigen der vorhergehenden Beispiele einen *Laderegler* eingezeichnet und angesprochen: Es handelt sich hier um ein kleines Solar-Ladegerät, das den geladenen Akku vor einer zu hohen Ladespannung schützt. Um einen Akku von einem Solarmodul zufriedenstellend laden zu können, muss das Solarmodul für eine etwas höhere Nennspannung ausgelegt sein, als der Akku benötigt bzw. als er verkraften würde. Es würde nicht ausreichen, wenn ein Solarmodul den Akku nur dann laden bzw. nachladen könnte, wenn die Sonne kräftig scheint. Daher wird zum Laden eines Akkus ein Solarmodul eingesetzt, dessen Nennspannung mindestens 40 bis 50 % höher als die Nennspannung des Akkus ist.

So wird z. B. zum Laden eines 12-V-Akkus ein Solarmodul verwendet, dessen Nennspannung mindestens 17 bis 18 V beträgt. Wenn die Sonne etwas schwächer strahlt, liefert ein solches Modul dennoch eine brauchbare Ladespannung von ungefähr 12 bis 14 V.

Ähnlich wie bei allen „normalen" Ladegeräten gibt es auch bei den Solar-Ladereglern unterschiedliche Ausführungen und Preisklassen. Einige der „intelligenteren" Laderegler passen in der Endphase des Ladens die Ladespannung an die Bedürfnisse der Bleiakkus an als

Abb. 1.13 – Ausführungsbeispiel eines kleinen handelsüblichen Ladereglers.

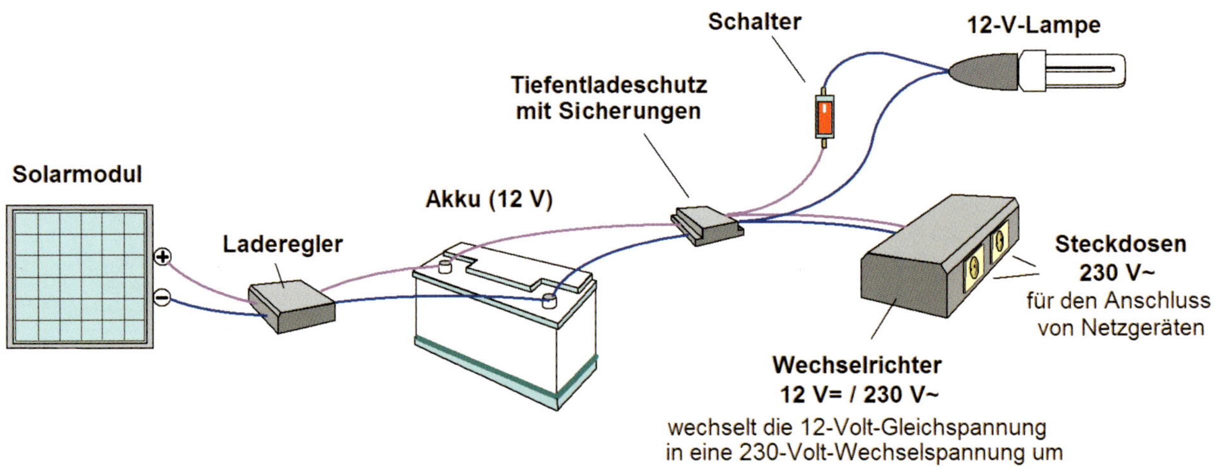

Abb. 1.14 – Ein Bleiakku sollte grundsätzlich mit einem Tiefentladeschutz gegen zu tiefe Entladung geschützt werden; der Tiefentladeschutz wird zwischen den Akku und die Verbraucher angeschlossen.

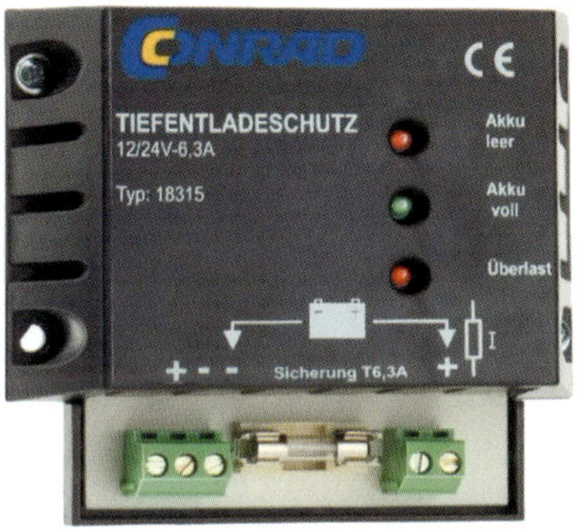

Abb. 1.15 – Ausführungsbeispiel eines Tiefentladeschutz-Gerätes (Foto Conrad Electronic).

einfachere Laderegler, die oft nur die Ladespannung unterhalb eines fest vorgegebenen Niveaus halten – was jedoch für die meisten einfacheren Anwendungen ausreicht.

Wie annähernd jedem Autofahrer bekannt ist, reagiert eine Autobatterie überempfindlich auf zu tiefes Entladen. Ein einziges zu tiefes Entladen einer Autobatterie genügt oft, um sie zu beschädigen oder sogar unbrauchbar zu machen. Sie hält danach die Spannung nicht mehr bzw. kann elektrische Energie nicht mehr langfristig akkumulieren.

Dies gilt allerdings nicht nur für die Autobatterie, sondern für alle Bleiakkus. Um dies zu verhindern, wird bei Solaranlagen der Anlagen-Akku (der bis auf Ausnahmen als Bleiakku ausgelegt ist) mit einem zusätzlichen *Tiefentladeschutz (Abb. 1.14* bis *1.16)* versehen. Seine Aufgabe ist einfach: Er schaltet alle angeschlossenen Verbraucher ab, wenn die Akkuspannung auf ein gefährliches Minimum gesunken ist und schaltet sie (ebenfalls automatisch) erst dann wieder zu, wenn der Akku vom Solarmodul etwas nachgeladen wurde.

Tiefentladeschutz-Geräte gibt es als selbstständige Bausteine, als Bausätze, oder sie befinden sich – quasi als „Untermieter" – direkt im Gehäuse des Ladereglers *(Abb. 1.16).* Wenn der Tiefentladeschutz bereits direkt im Laderegler integriert ist, werden die Verbraucher nicht an den Akku, sondern an Klemmen am Laderegler angeschlossen. Den Anwender braucht dabei nicht zu interessieren, auf welche Weise hier die Schaltungen innen ausgeführt wurden.

So geht z. B. aus den technischen Daten eines Tiefentladeschutz-Gerätes hervor, dass die Verbraucher abgeschaltet werden, wenn die Batteriespannung einer 12-V-Batterie auf 11,1 V sinkt. Das ist die so genannte *Entlade-Schlussspannung* (auch Entlade-Endspannung genannt). Der Tiefentladeschutz schließt hier die Verbraucher erst dann wieder an, wenn die Batteriespannung auf eine *Wiedereinschalt-Spannungsschwelle* von ca. 12,4 V nachgeladen wurde.

Zwischen der Spannungsschwelle, bei der es zum Abschalten kommt, und der, bei der die Verbraucher wieder zugeschaltet werden, liegt immer ein gewisser

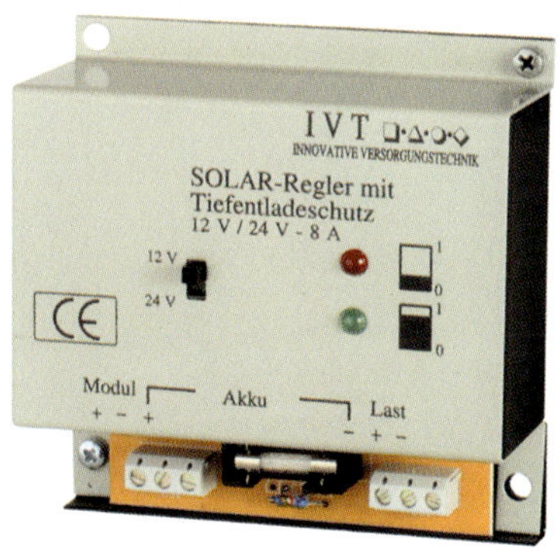

Abb. 1.16 – In vielen Ladereglern ist ein Tiefentladeschutz direkt integriert und muss nicht separat angebracht werden.

1.1 Der Laderegler

Spannungsunterschied. Dies ist dadurch bedingt, dass sich die Spannung eines Akkus nach Abschalten der Belastung immer automatisch etwas erholt, auch wenn kein Nachladen folgt.

Aus diesem Grund muss zwischen der Abschalt- und der Wiedereinschalt-Spannungsschwelle ein ausreichend großer Spielraum (Hysterese) sein, da andernfalls der Tiefentladeschutz ständig hin- und herschalten würde.

Eine Autobatterie im Fahrzeug wird nur dann nachgeladen, wenn der Motor läuft. Bei Solarstromversorgung übernimmt das Solarzellenmodul die Aufgabe der Lichtmaschine (die als elektrischer Stromgenerator fungiert). Den Motor ersetzt hier die Sonne, der Solargenerator arbeitet somit kostenlos und verdient einen Teil der Investition zurück.

> Manche Solarverbraucher – z. B. Solar-Kühlschränke oder Solar-Garagentorantriebe – sind bereits vom Hersteller mit einem eigenen Tiefentladeschutz ausgestattet. Wenn an den Anlagen-Akku *nur* derartig geschützte Verbraucher angeschlossen werden, braucht dieser keinen zusätzlichen Tiefentladeschutz.

Einige Leser werden sich wohl die Frage nach der Zuverlässigkeit einer solchen Solarstromversorgung stellen – und dies gewissermaßen berechtigt, denn nicht alle Solar-Produkte funktionieren so zuverlässig wie die bereits etablierten Solar-Taschenrechner. Theoretisch gilt hier, dass es nur von der optimalen Dimensionierung einer solchen Anlage abhängt, wie zuverlässig sie dauerhaft den benötigten Strombedarf decken kann. Praktisch wird es im individuellen Ermessen liegen, ob es sich bei dem einen oder anderen Vorhaben lohnt, eine solche mobile Stromversorgung ausreichend bis großzügig zu dimensionieren, oder ob Kompromisse in Kauf genommen werden.

Wer motorisiert unterwegs ist, wird zum Teil auch den Akku des Fahrzeuges für die Stromversorgung mitbenutzen oder einen Zweitakku von dessen Lichtmaschine aus direkt laden können.

1.2 Wie groß muss ein Solarmodul sein?

Schon für die Planungsüberlegungen ist es wichtig zu wissen, worauf bei solch einer Energiequelle geachtet werden sollte. Am interessantesten dürfte die Antwort auf die Frage sein, welche Leistung ein modernes Solarzellenmodul pro Quadratmeter Modul-Fläche aufbringen kann.

Gute moderne Solarmodule, die mit kristallinen Solarzellen bestückt sind, erbringen an einem sonnigen Tag eine Leistung von etwa 120 W pro Quadratmeter Modul-Fläche. Auf nähere technische Details kommen wir in Kapitel 7 noch zurück, aber vorerst hilft uns diese Auskunft weiter.

Es wurde bereits erklärt, dass die benötigte Solarleistung auch davon abhängt, ob ein Direktbetrieb (vom Solarmodul zum Verbraucher) oder ein Betrieb über einen Zwischenspeicher (Akku) vorgesehen ist.

Wenn beispielsweise nach *Abb. 1.18a* ein *12-V-/3-A*-Gleichstrom-Pumpenmotor (Springbrunnen-Pumpenmotor) direkt vom Solarzellenmodul aus betrieben werden soll, müsste das angewendete Solarmodul eine *Nennspannung* von *12 V* und einen *Nennstrom* von *3 A* liefern können (die *Nennleistung* des Moduls würde *36 W* betragen).

Abb. 1.17 – Solarmodule sind in verschiedenen Größen, in verschiedenen Ausführungen und mit verschiedenen elektrischen Kenndaten erhältlich. Wichtig für die Planungsüberlegungen sind vor allem die Modul-Nennspannung und die Modul-Nennleistung (bzw. der Modul-Nennstrom).

Wird derselbe Pumpenmotor von einem Akku *nach Abb. 1.18b* betrieben, kann das Solarmodul üblicherweise wesentlich kleiner sein – vorausgesetzt, es handelt sich um einen Motor, der nur sporadisch benötigt wird. In unserem Fall müsste das verwendete Solarmodul eine angemessen höhere Ladespannung liefern können (andernfalls könnte der Akku nicht geladen werden), aber der Modul-Nennstrom dürfte wesentlich niedriger dimensioniert werden (wie niedrig, hängt nur von der täglichen Betriebszeitspanne des Motors ab). Die Nennleistung des in *Abb. 1.18b* eingezeichneten *17-V-/0,4-A*-Moduls würde nur ca. *6,8 W* betragen.

Die *Modul-Nennleistung* ist nur einer der drei wichtigsten elektrischen Modul-Parameter, die folgendermaßen zusammenhängen:

Spannung [in Volt] × **Strom** [in Ampere] =
Leistung [in Watt]

Wenn einer dieser drei Parameter vom Hersteller (bei den technischen Daten eines Solarmoduls oder eines elektrischen Verbrauchers) nicht angegeben ist, lässt er sich leicht ausrechnen:

Leistung [in Watt] : **Spannung** [in Volt] =
Strom [in Ampere]

Leistung [in Watt] : **Strom** [in Ampere] =
Spannung [in Volt]

So kann beispielsweise ein 12-V-/30-W-Solarmodul folgenden Nennstrom liefern:

30 Watt : 12 Volt = 2,5 Ampere

1.2 Wie groß muss ein Solarmodul sein?

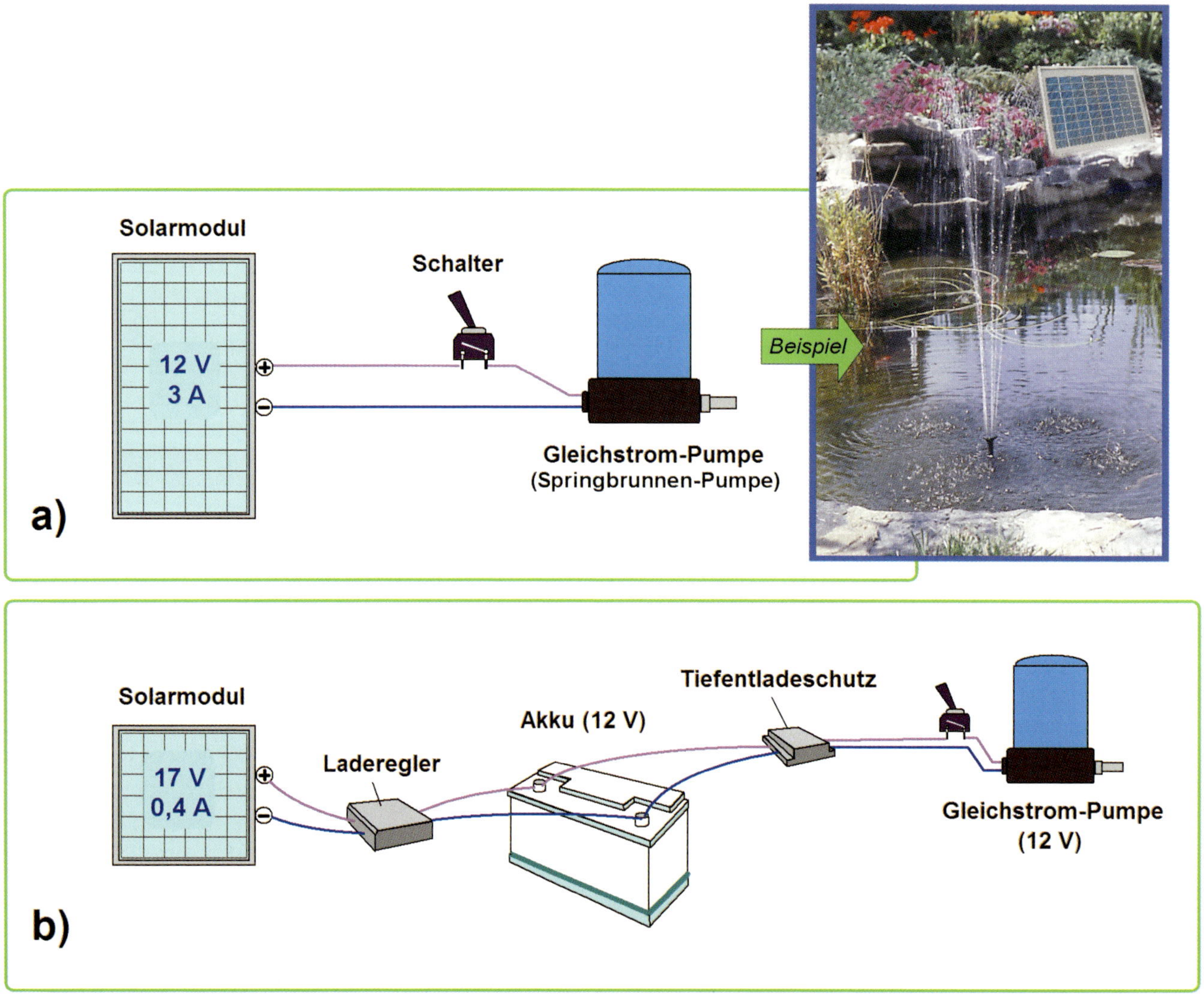

Abb. 1.18 – Die optimale *Nennspannung, Nennleistung* und *Größe* eines Solarmoduls hängen u. a. davon ab, ob ein Verbraucher (z. B. ein Pumpenmotor) direkt oder über einen Akku betrieben wird: **a)** Beim Direktbetrieb muss das Modul die volle Nennspannung und den vollen Nennstrom des Motors liefern können; **b)** wird der Pumpenmotor über einen Akku (als Energiespeicher) betrieben, kann das Solarmodul oft wesentlich kleiner sein.

1.2 Wie groß muss ein Solarmodul sein?

Eine *12-V-/20-W*-Glühlampe hat einen Stromverbrauch von

20 Watt : 12 Volt = 1,67 Ampere

In der Praxis brauchen wir die Stromabnahme einzelner Verbraucher auch für die Berechnung der benötigten Akku-Kapazität (in Amperestunden). Wenn wir z. B. bei einer elektrischen *12-V-/40-W*-Kühlbox keine Angabe über die Stromabnahme (in Ampere) finden, kein Problem! Wir rechnen sie einfach aus:

40 W : 12 V = 3,33 A

Abb. 1.19 – Die Kapazität eines Akkus stellt seinen „energetischen Inhalt" dar, der mit dem Inhalt eines Weinfasses vergleichbar ist.

Wenn diese Kühlbox eine Stunde lang von einem Akku betrieben wird, verbraucht sie (maximal) *3,33 Ah* (3,33 Amperestunden) von seiner Kapazität. Wird sie zwei Stunden lang betrieben, verbraucht sie (maximal) das Doppelte: *6,66 Ah* (usw.). Sie bezieht elektrischen Strom allerdings nur so lange, bis ihre Innentemperatur das eingestellte Niveau erreicht. Danach schaltet der Innenthermostat die Stromzufuhr ab und schaltet sie jeweils erst dann wieder ein, wenn die Innentemperatur gestiegen ist.

Ein voll aufgeladener *60-Ah-Akku* könnte also unsere Kühlbox (deren Stromabnahme *3,33 A* beträgt) *mindestens* 18 Stunden lang mit Strom versorgen (*60 Ah : 3,33 A = 18 Betriebsstunden*).

Auf dieselbe Weise lässt sich der Verbrauch der einzelnen Elektrogeräte und Leuchtkörper ausrechnen, die für solarelektrische Stromversorgung vorgesehen sind. Das Prinzip kann am einfachsten mit Hilfe der *Abb. 1.19* dargestellt werden: Die Kapazität eines Akkus in Ah stellt seinen „energetischen Inhalt" dar, der mit dem Inhalt eines Weinfasses vergleichbar ist. Je nachdem, wie oft und wie kräftig der Inhalt angezapft wird, steht er zur Verfügung (auf technisch orientierte Beispiele kommen wir in den weiteren Kapiteln noch zurück).

Der Verbrauch der Akku-Kapazität muss jedenfalls voll von den Solarzellen nachgeliefert werden. Beim Laden bzw. Nachladen der Solarbatterie entstehen Ladeverluste, die bis zu 20 % der Batteriekapazität betragen. Dies ist beim Planungsentwurf zu berücksichtigen: Werden z. B. 30 Ah einer Batterie entnommen, müssen 36 Ah nachgeladen werden.

Das Nachladen eines Bleiakkus ist im Prinzip sehr einfach: Der Akku wird über einen *Solar-Laderegler* an das Solarmodul angeschlossen, und damit ist die Installation einer solchen photovoltaischen Ladevorrichtung erledigt.

1.2 Wie groß muss ein Solarmodul sein?

Laderegler sind entweder als kleine Fertiggeräte, als Bausätze oder auch in Form eines einfachen ICs erhältlich, das ähnlich aussieht wie ein gängiger Spannungsregler und auch auf dieselbe Weise angeschlossen wird – wie *Abb. 1.20* zu entnehmen ist. Der hier aufgeführte integrierte Laderegler *Typ PB 137* ist für 12-V-Bleiakkus konzipiert und kann einen Ladestrom von maximal 1,5 A verkraften (allerdings mit einem gängigen *TO220*-Kühlkörper). Er verfügt jedoch über einen thermischen Überlastungsschutz und ist somit nahezu unzerstörbar.

Der an sich bescheidene maximale Ladestrom des integrierten Ladereglers beschränkt seine Anwendung auf kleinere Solarstromversorgungen. Was unter dem Begriff „kleinere" zu verstehen ist, hängt vom Nachladebedarf ab und lässt sich folgendermaßen erklären:

Beim „normalen" Laden (Nachladen) eines Bleiakkus darf der Ladestrom maximal 10 % der Akku-Kapazität in Ah betragen. So darf z. B. der Ladestrom eines 36-Ah-Akkus höchstens 3,6 A betragen. Es gibt zwar auch spezielle Schnelllade-Verfahren, bei denen der Ladestrom wesentlich höher ist, diese werden aber in der Solartechnik nicht angewendet. In der Photovoltaik wird, im Gegenteil oft ein wesentlich niedrigerer Ladestrom als die 10 % der Akku-Kapazität eingeplant, um den Kostenaufwand für das Solarmodul in zumutbaren Grenzen zu halten. Dann dauert jedoch das Nachladen des Akkus entsprechend länger – was wiederum nur bei einer Solarstromversorgung in Kauf genommen werden kann, bei der pro Tag nur ein kleiner Teil der Akku-Kapazität beansprucht wird bzw. rechnerisch anfällt.

Wir sehen uns die Sache einfachheitshalber anhand eines praktischen Beispiels an: Ein **12-V-/60-Ah**-Bleiakku darf maximal mit einem **6-A**-Ladestrom (10 % seiner Kapazität) geladen werden. Das Solarmodul müsste daher optimal für den vorgesehenen Nennstrom von 6 A ausgelegt werden. Um einen leeren

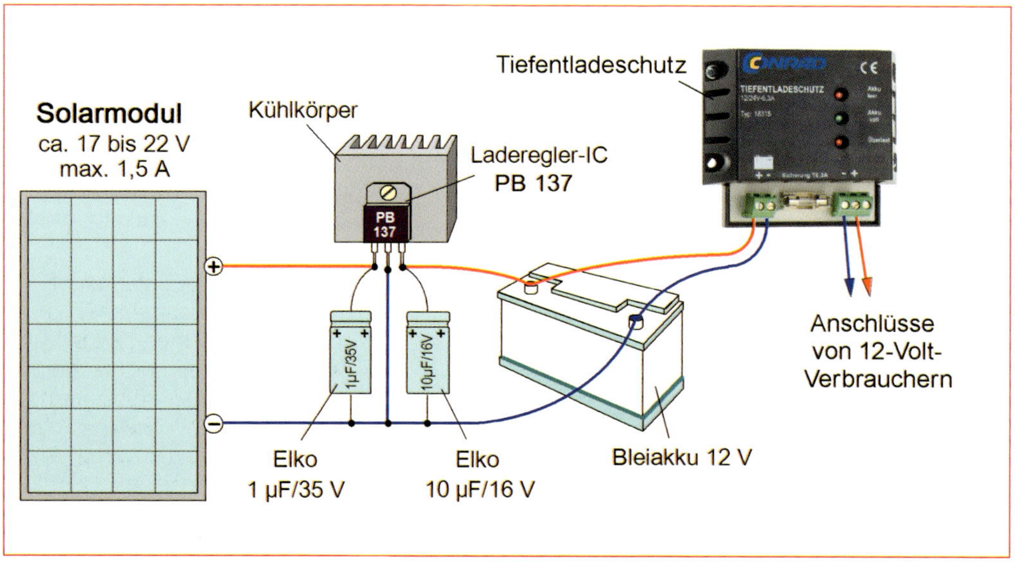

Abb. 1.20 – Ein moderner integrierter Bleiakku-Laderegler unterscheidet sich äußerlich nicht von einem integrierten Spannungsregler.

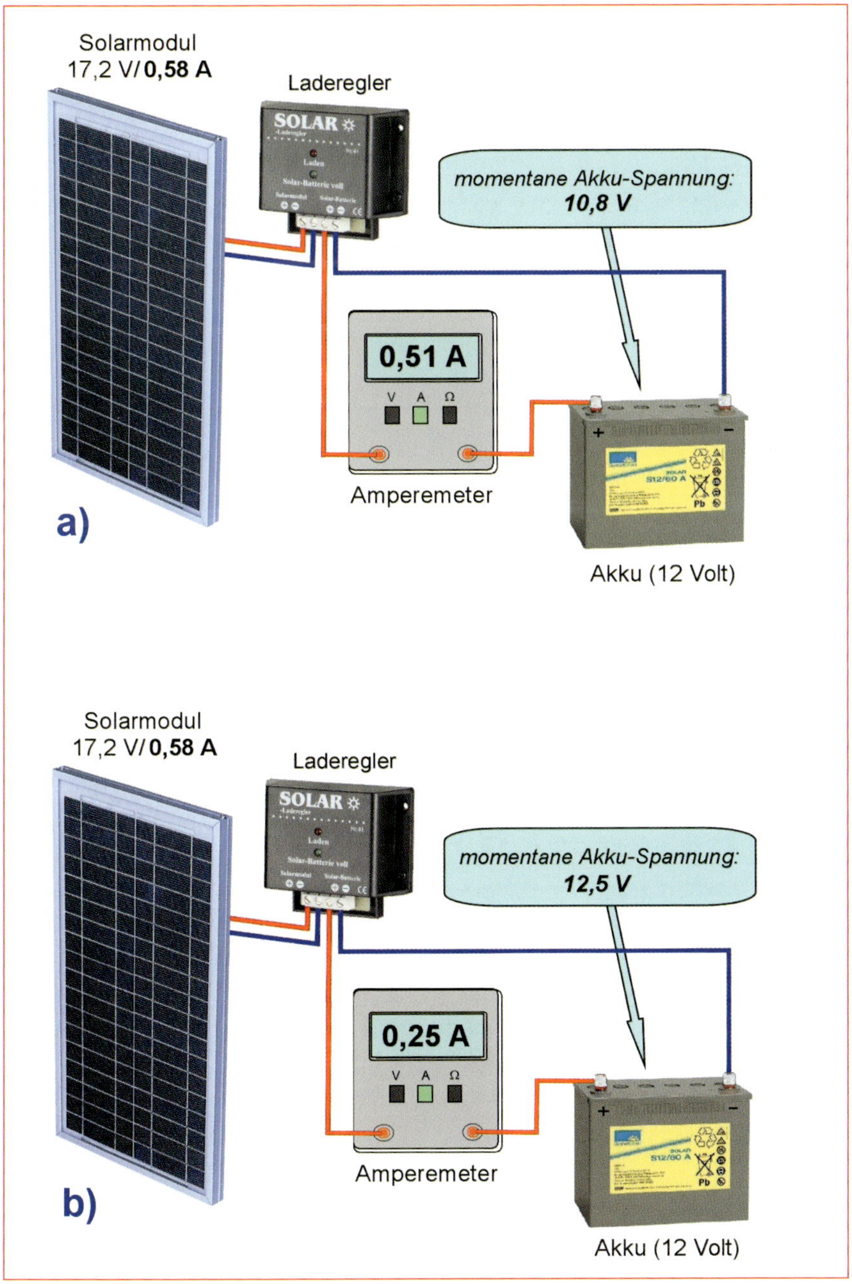

Akku voll aufzuladen, müsste das Solarmodul rein rechnerisch ganze zwölf Stunden lang (in Anbetracht der 20 % Ladeverluste) den vollen Ladestrom in den Akku laden können.

Das ist jedoch in der Praxis aus mehreren Gründen nicht so einfach realisierbar. Wer Erfahrung mit dem Laden einer Autobatterie hat, dem ist bekannt, dass die Ladestrom-Abnahme von der jeweiligen Akku-Spannung (bzw. vom Stand der jeweiligen Entladung), von der Kapazität (in Ah) und vom Laderegler abhängt.

Ein ziemlich leerer Akku zeigt sich in Hinsicht auf die volle Ladestrom-Abnahme sehr kooperativ. Nachdem er jedoch einigermaßen nachgeladen ist, beginnt die Ladestrom-Abnahme zu sinken – was sich insbesondere in der Endphase des Ladens bemerkbar macht.

Abb. 1.21 – Nicht das Solarmodul, sondern der Akku bestimmt, wie groß der Ladestrom ist, den er jeweils bezieht bzw. beziehen möchte: Ein entladener Akku (obere Abbildung) bezieht bei derselben Höhe der Solarspannung einen höheren Ladestrom als ein fast voll aufgeladener Akku (untere Abbildung). Das Solarmodul muss allerdings die benötigte Spannung und den benötigten Strom liefern können.

1.2 Wie groß muss ein Solarmodul sein?

Von der zur Verfügung stehenden Ladespannung und von der Qualität des Ladereglers hängt dann in der Praxis ab, wie schnell und wie gut sich der Akku wieder voll auflädt. Innerhalb der theoretischen zwölf Stunden gelingt ein perfektes Nachladen zwar nicht, aber bei einer kleinen Solaranlage spielt dieser Aspekt keine zu wichtige Rolle – vorausgesetzt, die Akku-Kapazität wird von vornherein etwas höher dimensioniert und man lädt überwiegend im Bereich „fast leer/fast voll" auf. Die Philosophie dürfte sich hier am Beispiel des Weinfasses aus *Abb. 1.19* orientieren: Es kommt nicht nur darauf an, wie voll das Weinfass ist, sondern wie groß es ist.

Zudem kann man von einem Solarmodul nicht erwarten, dass es zwölf Stunden hintereinander den vollen Ladestrom liefert. So wird beispielsweise ein Solarmodul, dessen Nennstrom laut Herstellerangabe 0,58 A beträgt, nicht gleich nach Sonnenaufgang den vollen Nennstrom liefern und dies bis Sonnenuntergang durchhalten.

Je nachdem, wie das Solarmodul gegen die Sonne ausgerichtet wird, fängt es auch an einem sonnigen Sommertag z. B. erst um sieben Uhr mit einer langsam ansteigenden Ladespannung und somit auch nur mit einem langsam ansteigenden Ladestrom zu laden an. Wenn das Solarmodul beispielsweise waagrecht auf dem Caravandach liegt, wird es den Akku nur zwischen ca. 10 und 15 Uhr mit dem vollen (oder zumindest annähernd vollen) Ladestrom laden. Danach (in diesem Fall zwischen ca. 15 und 19 Uhr) werden sowohl der Ladestrom als auch die Ladespannung gleitend sinken. Sobald die Solarspannung auf ein Spannungsniveau sinkt, das der Akku in diesem Moment schon hat, kann kein Ladestrom mehr vom Laderegler in den Akku fließen.

Je nachdem, wie gut der Akku an dem einen oder anderen Tag aufgeladen ist, nutzt er den Solarstrom als Ladestrom – also nur, wenn er ihn benötigt bzw. wenn wetterbedingt ein Ladestrom vorhanden ist. Ist bei regnerischem Wetter kein Nachladen des Akkus möglich, muss man einfach warten, bis sich die Sonne wieder von ihrer besten Seite zeigt.

Nun ist natürlich folgende Gegenfrage fällig: Und was ist, wenn es etliche Tage lang regnet? Die Antwort ist einfach: Da läuft nichts. Deshalb muss die Kapazität des Akkus bereits bei der Anlagenplanung ausreichend großzügig dimensioniert werden, um auch mehrere aufeinander folgende sonnenarme Tage überbrücken zu können.

Die Aussagekraft dieser an sich einfachen Antwort lässt sich naturbedingt nicht mit Tabellen oder Formeln untermauern. Es bleibt immer dem persönlichen Ermessen des Anwenders überlassen, wie er bei einem solchen Vorhaben den Energiebedarf und die Anzahl der möglicherweise aufeinanderfolgenden sonnenarmen Tage einschätzt. Dabei kommt es auch darauf an, wie wichtig es ihm erscheint oder tatsächlich ist, dass der Akku als Energiequelle nicht versagt.

Theoretisch lässt sich zwar ein solches Anliegen nicht in einem soliden Schema unterbringen, aber in der Praxis ist das Ganze nicht so problematisch, wie es auf den ersten Blick aussieht. In einem Caravan oder Reisemobil ist zum Beispiel der Bedarf nach elektrischem Lüften oder Kühlen am größten, wenn die Sonne kräftig scheint. Zudem kann ein leerer Solar-Akku notfalls auf einem Campingplatz vom elektrischen Netz nachgeladen werden.

Außerdem gehört es zu den Vorteilen einer jeden Solarstromversorgung, dass man jederzeit problemlos sowohl die Kapazität des Akkus (durch Bordakkus oder Zweitakkus) als auch die Leistung der Solarzellen durch weitere Solarmodule erhöhen kann.

Man muss sich allerdings darauf einstellen, dass hier die Technik den Naturkräften unterliegt und dass nicht immer alles so verläuft, wie man es gerne haben möchte. Trotzdem ist Solarstrom eine feine Sache, vor allem dann, wenn es keine Alternative gibt.

In unseren bisherigen Ausführungen haben wir im Zusammenhang mit dem Laden des Akkus die *Solarspannung* nur nebenbei erwähnt. Dies jedoch nur, damit die Erklärung nicht zu kompliziert wird. In Wirklichkeit besitzt die Solar-Ladespannung (Modul-Nennspannung) einen hohen Stellenwert und verdient besondere Beachtung.

Bei einer direkten Solarversorgung ohne Zwischenspeicher ist die Wahl der Solarspannung einfach: Wie bereits an anderer Stelle erklärt wurde, passt man hier die Spannung des Solarmoduls an die des betriebenen elektrischen Verbrauchers an. Hier ist in vielen Fällen die Nutzungsdauer der Solarenergie pro Tag wesentlich länger, wenn Verbraucher verwendet werden, die auch bei Unterspannung (und bei niedrigem Strom) noch ausreichend gut arbeiten – was z. B. bei motorbetriebenen Gleichstromverbrauchern der Fall ist.
Darunter ist Folgendes zu verstehen: Ein 12-V-Ventilator oder eine gute 12-V-Pumpe fangen beispielsweise schon bei einer Versorgungsspannung von ca. 3 bis 5 V an zu drehen bzw. hören erst dann wieder auf, wenn ihre Versorgungsspannung unter diese Schwelle sinkt. Sie leisten zwar bei Unterspannung nicht die volle Arbeit, sie arbeiten aber dennoch.

Noch effizienter arbeiten in dieser Hinsicht Verbraucher, bei denen der Strom in Wärme (oder in Kälte) umgewandelt wird. Als Beispiel kann hier ein elektrisches Heizkissen nach *Abb. 1.22* dienen. Hier wird jeder kleinste „Tropfen" des Solarstroms in Wärme umgewandelt und das Solarmodul kann von Sonnenaufgang bis Sonnenuntergang genutzt werden (auch wenn der Solarstrom am frühen Morgen oder am späten Nachmittag nur bedingt wärmt).

Bei jeder Art eines solchen Direktbetriebs hängt die Nutzung des einen oder anderen Verbrauchers von seiner Art und Funktionsweise ab. Damit ist Folgendes gemeint: Ein elektrisches Heizkissen oder ein Ventilator arbeiten beispielsweise auch bei Unterspannung zufriedenstellend, Lampen zeigen sich dagegen ziemlich „unkooperativ", denn ihre Leuchtkraft nimmt überproportional ab, wenn ihre Versorgungsspannung um mehr als ca. 15 % sinkt.

Ähnlich ist es beim Laden mit Solarstrom: Eine Solaranlage, die mit einem Akku als Zwischenspeicher arbeitet, beginnt das Laden

Abb. 1.22 – Ein solarbetriebenes elektrisches 12-V-Heizkissen kann an so manchen kühleren Tagen das Wohlbefinden beim Liegen im Freien steigern ...

1.2 Wie groß muss ein Solarmodul sein?

des Akkus erst dann, wenn die Ladespannung höher ist als die jeweilige Spannung des Akkus – und umgekehrt. Hier handelt es sich um ein leicht verständliches Prinzip, das *Abb. 1.23* anhand der zwei Wasserbehälter erläutert.

Solarmodule, die für das Nachladen von Akkus vorgesehen sind, müssen aus diesem Grund immer für eine wesentlich höhere Nennspannung als die des Akkus ausgelegt sein. Soweit zur etwas allgemeinen Vorinformation. Näheres zu diesem Thema finden Sie in Kapitel 7.

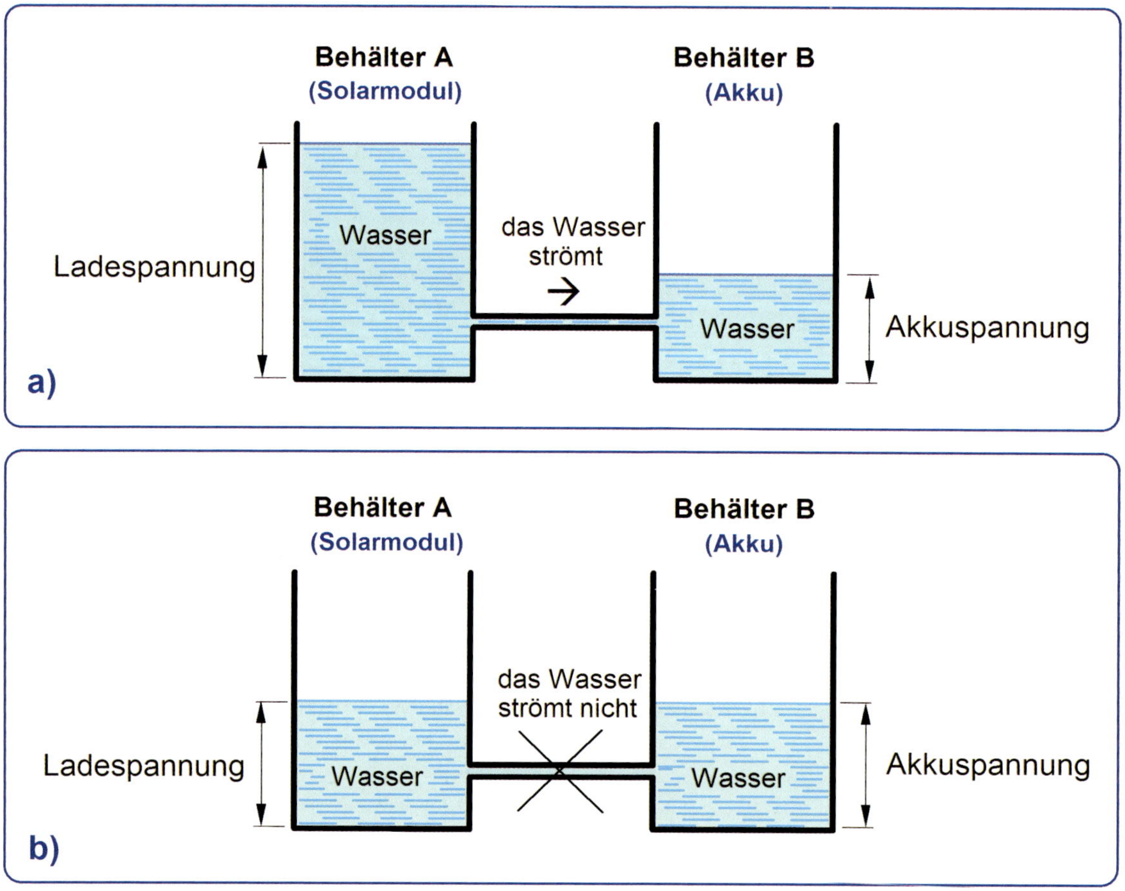

Abb. 1.23 – Das Laden eines Akkus unterliegt ähnlichen Prinzipien wie das Nachfüllen des rechts eingezeichneten Wasserbehälters aus dem links eingezeichneten Wasserbehälter: Das Wasser kann von links (= vom Solarmodul) nach rechts (= in den Akku) nur dann strömen, wenn der Wasserspiegel des linken Behälters höher ist als der des rechten bzw. wenn die Solarspannung höher ist als die Akkuspannung.

1.3 Akkus als Solar- oder Windenergie-Speicher

Als Solar- oder Windenergie-Speicher eignen sich im Prinzip alle handelsüblichen wiederaufladbaren Akkus. Spannung und Kapazität des verwendeten (oder vorgesehenen) Akkus richten sich nur nach dem Spannungs-, Leistungs- und Kapazitätsbedarf der elektrischen Verbraucher, die er betreiben soll.

Für die Stromversorgung kleiner Verbraucher (elektronische Kleingeräte, kleine Lampen, Solar-Spielzeuge) genügt oft ein kleiner NiCd- oder NiMH-Akku bzw. ein sehr kleiner Bleiakku. Wenn eine größere Speicherkapazität benötigt wird, kommen größere Bleiakkus (etwa Auto- oder Solarbatterien) zum Einsatz. Als Bordbatterien im Caravan oder Reisemobil, auf dem Boot oder einer Yacht werden oft mehrere Autobatterien *nach Abb. 1.24* parallel miteinander verbunden.

Die Anzahl der einzelnen Batterien, die zu einem kräftigeren Energiespeicher parallel verbunden werden, ist theoretisch unbegrenzt. Praktisch ist jedoch Folgendes zu berücksichtigen: Je mehr Batterien miteinander verbunden werden, desto genauer sollten sie parametrisch aufeinander abgestimmt sein. Dabei genügt nicht, dass es sich um Batterien derselben Marke und Leistung handelt. Sie sollten auch möglichst gleich alt sein und identisches Lade-/Entladeverhalten aufweisen. Andernfalls laden sie sich nicht ausgewogen auf, und eine einzige altersschwache Batterie wirkt sich quasi als Verbraucher aus, der die anderen Batterien zu schnell entlädt. Dies muss nicht immer gleich kritisch sein, sollte aber bedacht werden.

Eine einfache Kontrolle der Selbstentladung ist in dieser Hinsicht am aussagekräftigsten: Die Batterien werden zuerst (einzeln, gemeinsam oder kombiniert) mit einem Ladegerät voll aufgeladen und unbelastet abgestellt. Nach ca. vier Wochen wird mit einem Voltmeter nachgemessen, ob keine von ihnen durch zu hohe Selbstentladung einen merklich größeren Spannungsverlust aufweist als der Rest.

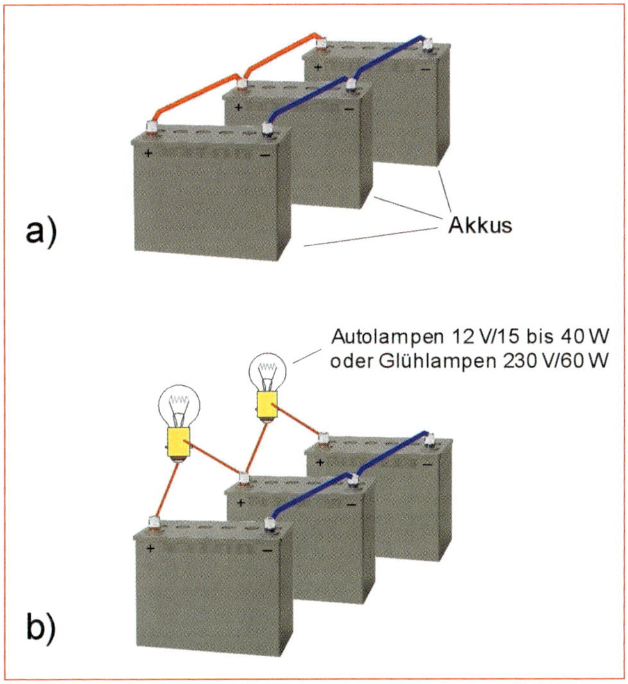

Abb. 1.24 – Um eine höhere Kapazität zu erhalten, werden üblicherweise mehrere Akkus (derselben Marke und Größe) parallel betrieben: **a)** Prinzip der Verschaltung; **b)** bevor mehrere Akkus (Batterien) miteinander verbunden werden, sollten ihre Spannungen zuerst mit Hilfe zusätzlicher Glühlampen (Autolampen) aneinander angeglichen werden.

Darunter ist Folgendes zu verstehen: Die Spannung wird nach ca. vier Wochen durch Selbstentladung (markenabhängig) beispielsweise bei einer der Batterien auf 11,6 V, beim Rest auf 12,2 V sinken. Schon eine derartige Differenz beim Selbstentladen weist darauf hin, dass die eine, zu tief entladene Batterie, zu sehr aus der Reihe fällt, sie die restlichen Batterien gewissermaßen belasten und einen unnötig großen Teil des kostbaren Solar-Ladestroms für sich in Anspruch nehmen würde.

1.3 Akkus als Solar- oder Windenergie-Speicher

Gut zu wissen

Der Unterschied zwischen den Bezeichnungen „Akku" und „Batterie" ist erklärungsbedürftig. In der Grundform eines kleinen Gliedes wird als **Batterie** üblicherweise eine **nicht wiederaufladbare** Wegwerfbatterie bezeichnet. Spricht man dagegen von einem **Akku** (Akkumulator), handelt es sich um einen nachladbaren Energiespeicher in der Form eines einzigen Gliedes. Werden jedoch mehrere Akkus als einzelne Glieder zu einer Einheit zusammengesetzt, bezeichnet man sie ebenfalls als „Batterie". So besteht z. B. eine Autobatterie aus sechs Bleiakku-Gliedern à 2 V, die miteinander in Reihe zu einer Batterie verbunden und in einem gemeinsamen Gehäuse untergebracht werden.

In der Praxis kann allerdings nur ein Branchen-Insider beurteilen, ob ein wiederaufladbarer Energiespeicher aus nur einem oder mehreren Einzelgliedern besteht. Daher werden – je nach Lust und Laune – eigentlich alle nachladbaren Energiespeicher wahlweise entweder als Batterien oder als Akkus bezeichnet. Wir sprechen von einer *Autobatterie,* die sechs Akku-Glieder beinhaltet, bezeichnen aber den 12-V-Akkuschrauber nicht als „Batterieschrauber" – obwohl er seine Energie ebenfalls von einer Batterie mit zehn Akku-Gliedern à 1,2 V bezieht. Die unterschiedlichen Bezeichnungen haben hier also nur etwas mit der Gewohnheit zu tun.

In der Solartechnik (Photovoltaik) werden für Energiespeicher sowohl die Bezeichnungen „Solar-Akkus" als auch „Solar-Batterien" für dieselben Produkte verwendet. Dagegen ist nichts einzuwenden. Falsch wäre nur, wenn man einen einzigen wiederaufladbaren Akku als „Batterie" bezeichnen würde. Möchte man also in einem aufklärenden Text oder in einer Zeichnung hervorheben, dass es sich bei dem beschriebenen Energiespeicher nicht um eine Wegwerf-, sondern um eine wiederaufladbare Batterie handelt, bevorzugt man die Bezeichnung „Akku", denn die steht eindeutig *nur* für einen wiederaufladbaren Energiespeicher.

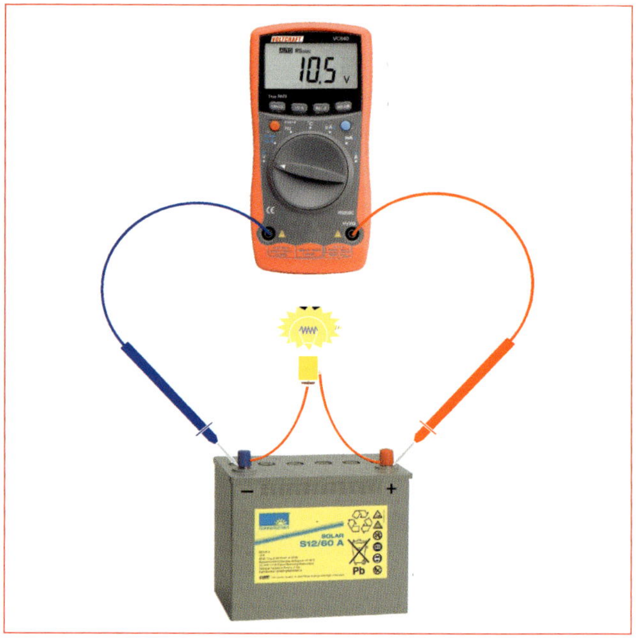

Abb. 1.25 – Eine zuverlässige Spannungsmessung sollte grundsätzlich an einer belasteten Batterie vorgenommen werden: Eine Autolampe, die nur für die Messung provisorisch an die Batterie angeschlossen wird, eignet sich zu diesem Zweck am besten.

Hier hilft es oft, wenn man alle Batterien mit destilliertem Wasser auf gleiches Niveau auffüllt, eventuell den Elektrolyt auf seine Konsistenz nachkontrolliert (bzw. nachkontrollieren lässt), danach alle Batterien nochmals auflädt, auf ca. 10,5 V entlädt, erneut auflädt und nach etwa drei Wochen nochmals die Selbstentladung nachmisst. In den meisten Fällen bringt dieser Eingriff Erfolg. Andernfalls hilft nur noch ein Austausch der Batterie, die zu sehr aus der Reihe tanzt.

Die eigentliche Wartung stellt bei modernen Auto- oder Solarbatterien fast keine Ansprüche an den Anwender. Wer genügend Zeit und Lust dazu hat, sollte mindestens ein oder zwei Mal pro Jahr Folgendes nachkontrollieren:

a) Ob eines der Batterieglieder mit destilliertem Wasser aufgefüllt werden muss: Die Elektroden sollten ca. 5 mm tief unter dem Elektrolyt-Spiegel liegen *(Abb. 1.26)*. Zum Auffüllen der Batterie muss destilliertes Wasser verwendet werden.
b) Ob die Batterie-Anschlussklemmen grüne Korrosionsverschmutzungen aufweisen (sie werden in diesem Fall mit einem trockenen Tuch gereinigt und neu eingefettet).

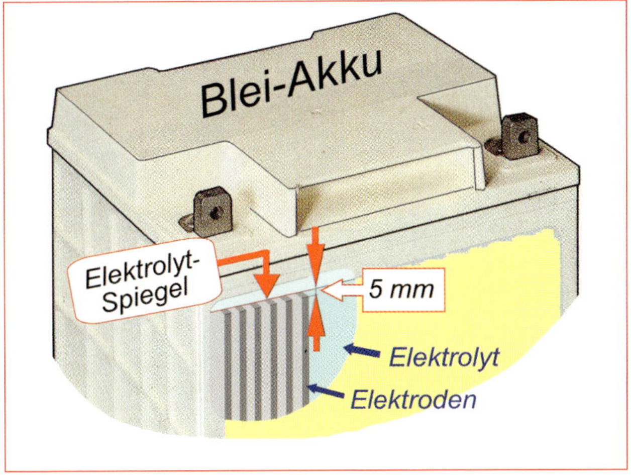

Abb. 1.26 – Die Elektroden einer Blei-Batterie sollten etwa 5 mm tief unter dem Elektrolyt-Spiegel liegen (dies gilt jedoch nur für Batterien mit flüssigem Elektrolyt).

Bei Batterien, die als Solarenergiespeicher dienen sollen, stellt die Problematik des Ladens höhere Ansprüche an das fachliche Grundwissen des Anwenders. Es ist verständlich, dass man hier im Bilde darüber sein muss, für welche Spannung und Kapazität die Batterie ausgelegt sein sollte und welche Spannung und welchen Ladestrom das verwendete Solarmodul liefern muss, um sie ausreichend nachladen zu können.

Dem Anwender steht eine große Auswahl handelsüblicher Bleiakkus aller Art zur Verfügung (etwa Auto- und Rollstuhlbatterien, Modellbau-Batterien usw.); daneben gibt es aber auch einige spezielle Solarbatterien.

Mit den speziellen Vorteilen der oft übertrieben gepriesenen „echten Solarbatterien“ ist es lange nicht so weit her, wie es mancher Hersteller den Kunden gerne glaubhaft machen möchte. Als Vorzeige-Parameter werden hier oft Eigen-

Abb. 1.27 – Der Handel führt eine große Auswahl an Batterien: Die zwei wichtigsten technischen Parameter einer Batterie sind ihre Nennspannung [in Volt (V)] und ihre Kapazität [in Amperestunden (Ah)].

schaften genannt, über die in annähernd gleichem Maß jede gute moderne Autobatterie verfügt. Bei den Autobatterien werden jedoch diese Eigenschaften üblicherweise nur von den Autoherstellern beachtet und die Autofahrer mit eventuellen spezielleren technischen Daten verschont. Mit Recht, denn normalerweise hat man kaum Interesse daran, wie es mit der Selbstentladung oder dem Ladeverhalten einer solchen Batterie steht – Hauptsache, sie geht lange genug mit und funktioniert im Auto zuverlässig. Dafür hat hier allerdings der Autohersteller zu sorgen – was er auch tut, denn die Konkurrenz schläft nicht.

Wenn heutzutage die Autobatterie eines normalen Mittelklassewagens in der Praxis eine Lebensdauer von acht bis zehn Jahren erreicht (oder sogar überschreitet), ist das kein technisches Wunder mehr. Guten Solarbatterien ist diese Lebenserwartung ebenfalls in die Wiege gelegt, und sie haben zusätzlich eine niedrigere Selbstentladung, niedrigere Ladeverluste, sind pflegeleichter und weniger frostempfindlich als normale Autobatterien. Das sind jedoch technische Eigenschaften, die auch jeder Autobatterie-Hersteller anstrebt – allerdings wird hier mehr darauf geachtet, dass eine geringfügige Qualitätsverbesserung nicht eine unangemessene Preiserhöhung zur Folge hat.

„Echte" Solarbatterien sind manchmal drei- bis viermal teurer als normale Autobatterien. Das mag rein technisch zum Teil dadurch gerechtfertigt sein, dass sie im Vergleich zu Autobatterien in viel kleineren Serien hergestellt werden (was für den Kunden kaum tröstlich sein dürfte).

Für die meisten Anwendungen kommen daher als Speicher für Solarenergie bevorzugt preiswerte Autobatterien oder auch kleinere Bleiakkus in Frage, die z. B. für Motorräder, Aufsitz-Rasenmäher, Rollstühle, Modellbau u. Ä. ausgelegt sind.

Bemerkung

Ähnlich wie in der Autoelektrik wird auch hier mit niedriger Spannung, aber mit hohen Strömen gearbeitet. Alle Leitungen, Klemmen und Schalter sollten daher entsprechend ausgelegt sein. Andernfalls entstehen in ihnen zu große Leistungs- und Spannungsverluste oder ihre Kontakte verkraften den hohen Strom nur kurzfristig.

1.4 Windgeneratoren

Ein kleiner Windgenerator kann in einem Gebiet, in dem häufig stärkerer Wind aufkommt, entweder als zusätzliche Stromquelle eine Photovoltaik-Anlage unterstützen oder alleine eine Batterie laden. Kleinere handelsübliche Windgeneratoren *(Abb. 1.28)* haben einen Durchmesser von ca. 50 bis 100 cm und können daher bei Bedarf leicht transportiert werden.

Solche Windgeneratoren sind jedoch meist als sogenannte *Schnellläufer* ausgelegt und eignen sich daher nur für die Anwendung in Gebieten mit häufigen höheren Windstärken, mit denen z. B. im Flachland in der Nähe des Meers oder direkt auf dem Meer gerechnet werden kann. Windgeneratoren, die in die Kategorie der *Langsamläufer* gehören, sind dagegen für Ge-

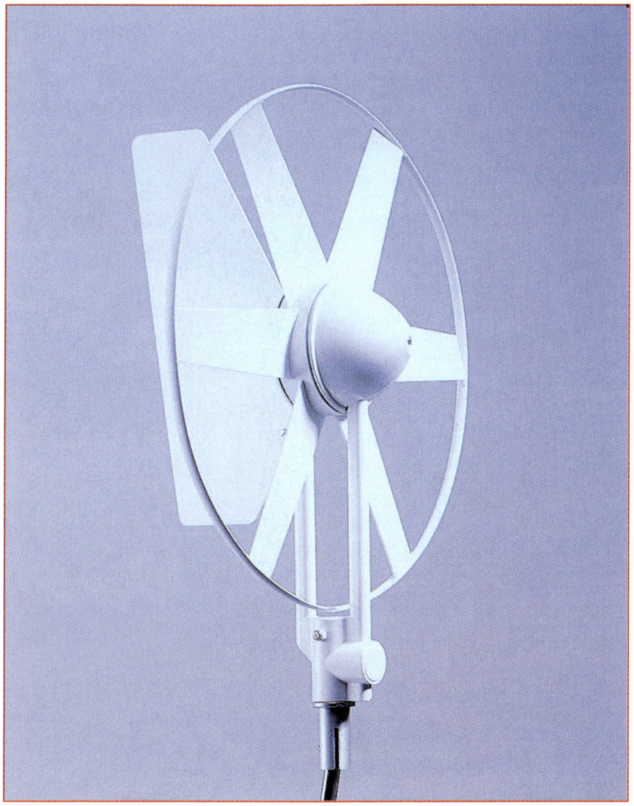

Abb. 1.28 – Ein Propeller-Windgenerator (Schnellläufer) eignet sich nur für Gebiete mit höheren Windstärken *(Fotos: Conrad Electronic)*.

Abb. 1.29 – Eine kombinierte Anlage: oben ein Savonius-Windgenerator, unten Solarmodule.

1.4 Windgeneratoren

genden vorgesehen, in denen die Windstärke meist relativ gering ist. Zu den bekanntesten Langsamläufern gehört z. B. das sogenannte Savonius-Windrad *(Abb. 1.29)*, das ziemlich große windabfangende Flächen hat und somit auch bei weniger Wind einen stromerzeugenden Generator antreiben kann. Ein solches Windrad könnte zwar z. B. auf dem Freizeitgrundstück oder auf einem langfristig gemieteten Campingplatz aufgestellt werden, aber als Reisegepäck ist es nicht gerade attraktiv.

Ein Windgenerator funktioniert ähnlich wie ein Fahrrad-Dynamo. *Abb. 1.30* und *1.31* erläutern das Prinzip seiner Funktionsweise. Bei einem Fahrrad-Dynamo bildet üblicherweise das sich drehende Vorderrad den Antrieb. Ein Windgenerator benötigt ein Windrad, das seinen Generator dreht. *Abb. 1.32* zeigt einige der gängigsten Windrad-Typen.

Als Energiequelle hat der Windgenerator im Vergleich zu einem Solargenerator (Solarmodul) den Vorteil, dass er bei günstigen Wetterbedingungen Tag und Nacht Strom erzeugen kann. Er hat jedoch auch den Nachteil, dass seine Leistung mit sinkender Windenergie ziemlich schnell abnimmt.

Als Fertigprodukte sind kleine Windgeneratoren erhältlich, die man einfach auf dieselbe Weise wie ein Solarmodul behandeln, nach *Abb. 1.36 a/b* anschließen und zum Laden eines Akkus verwenden kann. Bei der Lösung nach *Abb. 1.36 a* ist darauf zu achten, dass die Summe der Nennströme beider Generatoren (des Solar-

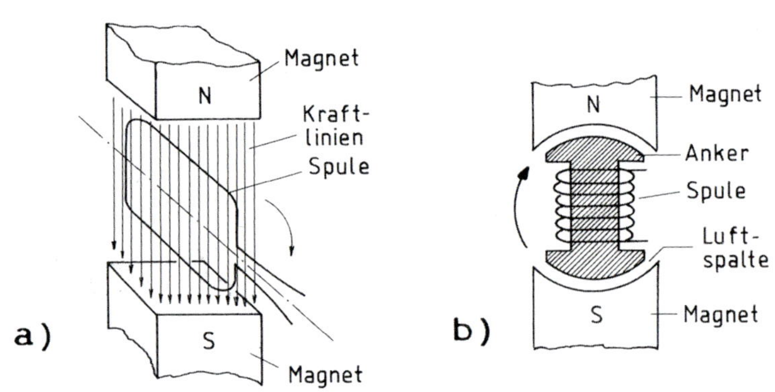

Abb. 1.30 – Funktionsweise eines elektrischen Generators: **a)** prinzipielle Darstellung; **b)** Konstruktionsprinzip eines Generators mit Ankerwicklung.

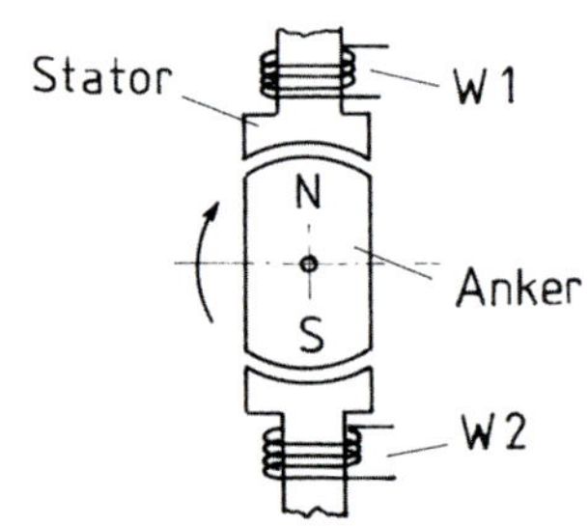

Abb. 1.31 – Konstruktionsprinzip eines elektrischen Generators mit einem Permanentmagneten als Anker; die Wicklungen (W1 und W2) befinden sich im Stator.

moduls und des Windgenerators) den maximal zulässigen Strom des gemeinsamen Ladereglers nicht überschreitet. Bei Verwendung von zwei unabhängigen Ladereglern nach *Abb. 1.36 b* muss allerdings jeder Laderegler auf den Strom „seines" Generators abgestimmt sein. Die Spannungsunterschiede der beiden Energiequellen müssen mit Hilfe der eingezeichneten Schottky-Dioden gegeneinander blockiert werden – sofern der Laderegler-Hersteller nicht darauf hinweist, dass diese Maßnahme bei seinen Ladereglern nicht erforderlich ist.

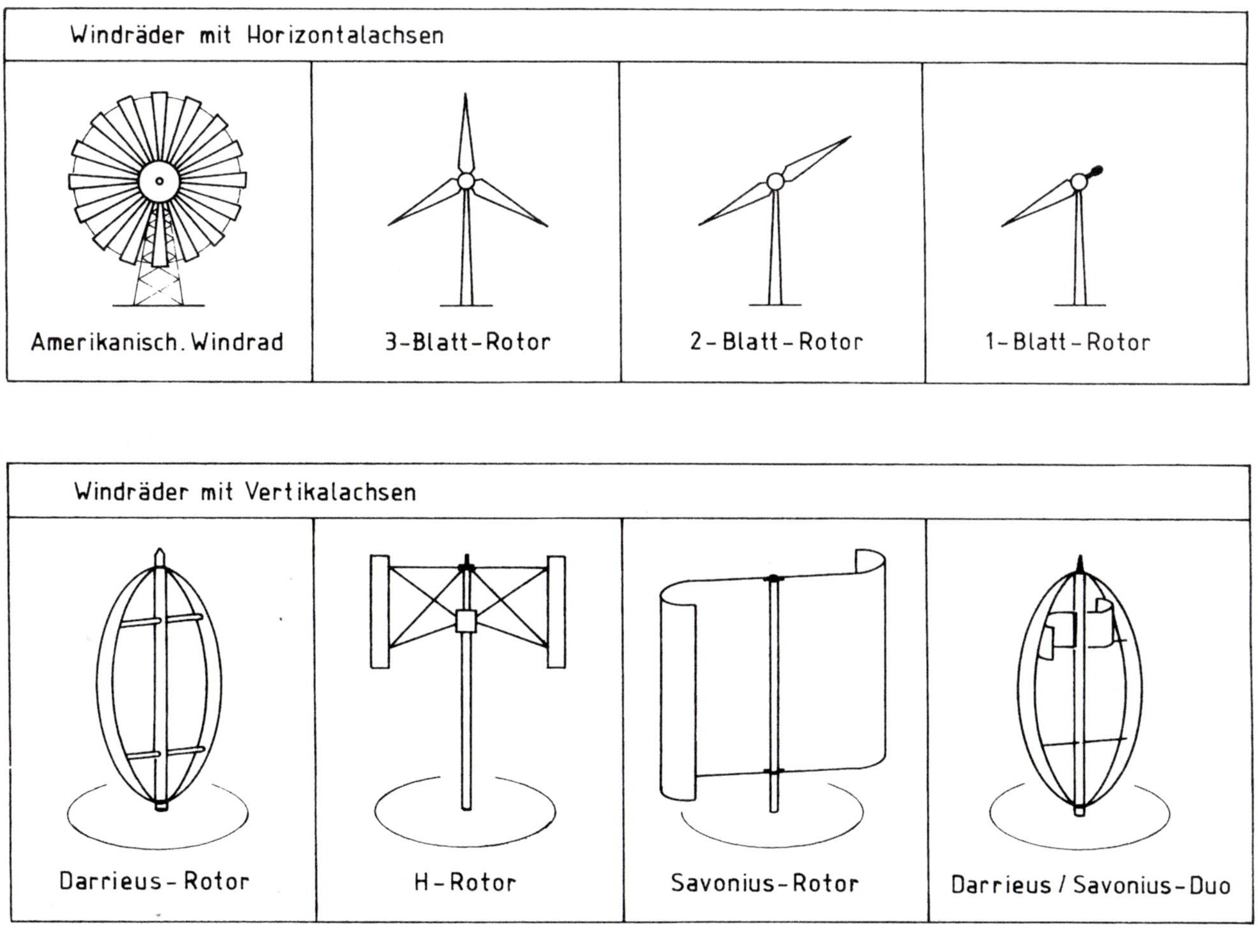

Abb. 1.32 – Konstruktionsbeispiele der gängigsten Windrad-Typen.

1.4 Windgeneratoren

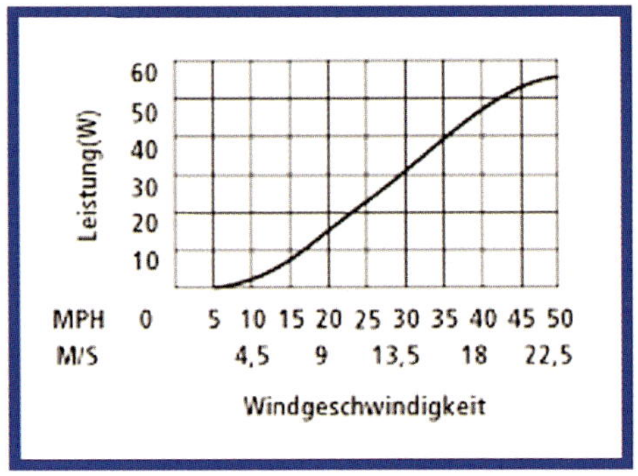

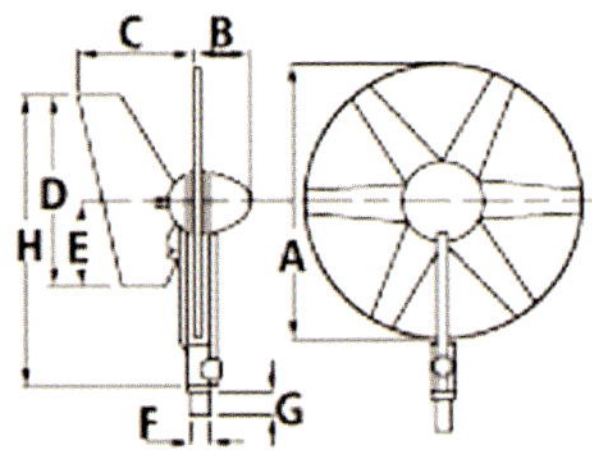

Abmessungen	A	B	C	D	E	F	G	H
mm	510	94	220	400	170	31	60	585

Abb. 1.33 – Der kleine *Rutland-Windgenerator WG 503* produziert bei einer Windgeschwindigkeit von 10 m/s eine elektrische Leistung von 25 W. Eine 12-V-Batterie fängt er bereits bei einer Windgeschwindigkeit von 2,5 m/s zu laden an; der Ladestrom steigt mit zunehmender Windgeschwindigkeit, wie der Herstellertabelle rechts oben zu entnehmen ist *(Foto/Anbieter: Conrad Electronic)*.

1.4 Windgeneratoren

Abb. 1.34 – Der *Rutland-Windgenerator WG 913* hat einen Rotordurchmesser von 910 mm, produziert bei einer Windgeschwindigkeit von 10 m/s eine elektrische Leistung von 90 W und kann schon bei ziemlich niedriger Windgeschwindigkeit einen vergleichsweise kräftigen Ladestrom liefern *(Anbieter: Conrad Electronic und ELV)*.

1.4 Windgeneratoren

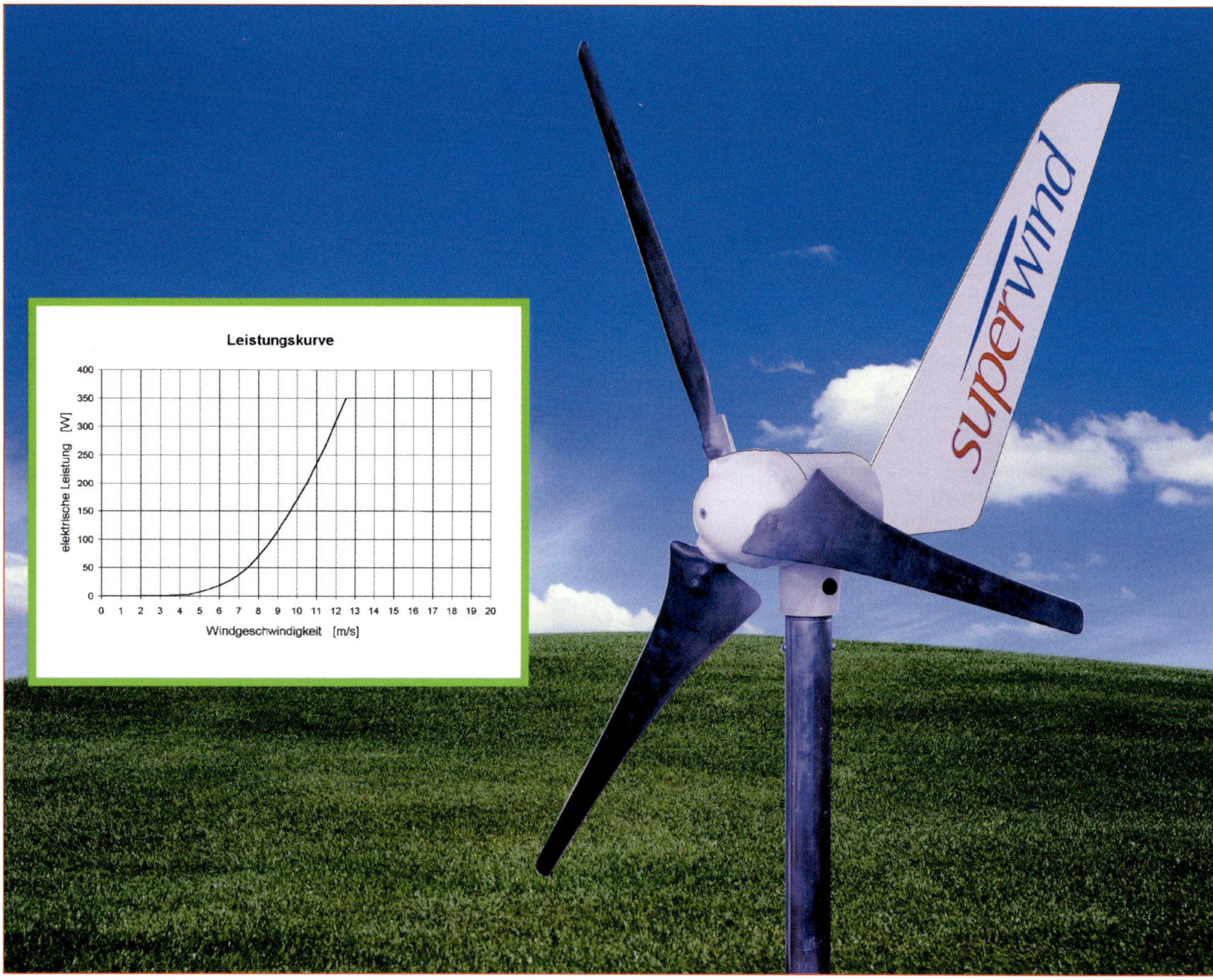

Abb. 1.35 – Der 350-VA-Windgenerator *Superwind 350* hat einen Rotordurchmesser von 1,22 m und ist für das Laden großer 12-V-Batterien vorgesehen. Sein spezieller 40-A-Laderegler hat zwei Akku-Ladeausgänge für das Laden getrennter Bordbatterien *(Anbieter: ELV)*.

1.4 Windgeneratoren

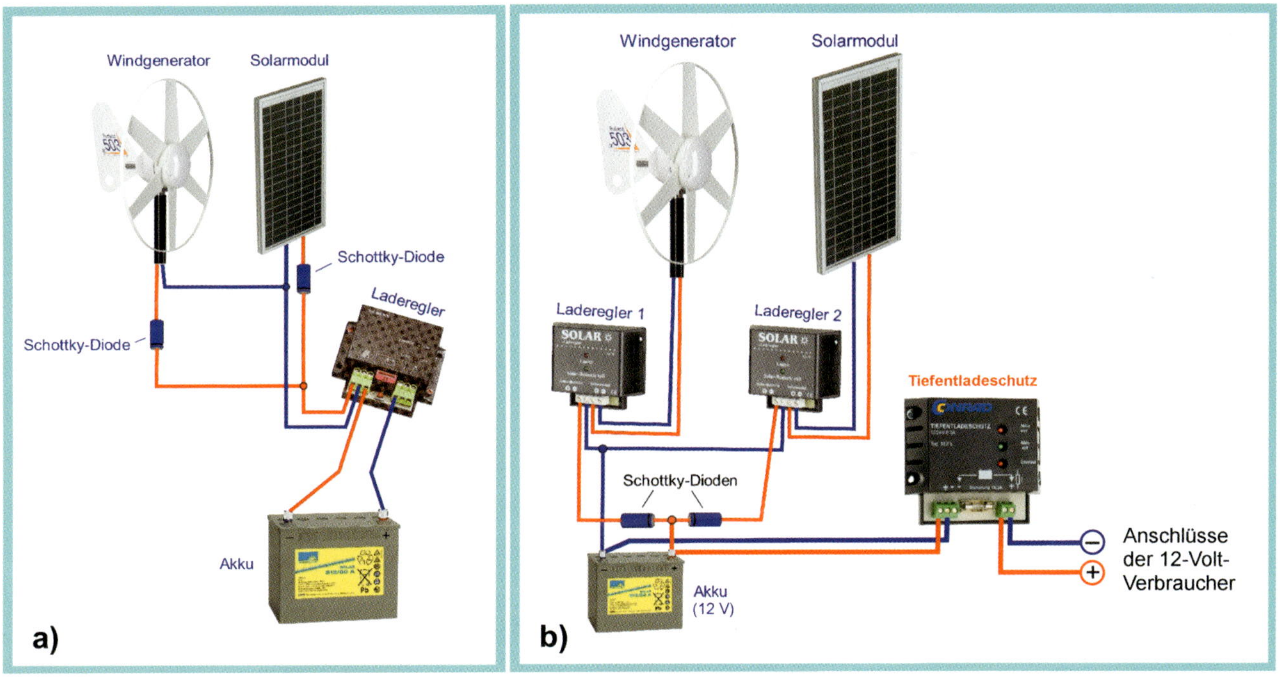

Abb. 1.36 – Ein kleiner Windgenerator kann sich das Laden einer Batterie – bzw. auch das Laden mehrerer miteinander verbundener Batterien – partnerschaftlich mit einem Solarmodul teilen: **a)** Laden des Akkus über einen gemeinsamen Laderegler; **b)** Laden des Akkus über zwei separate Laderegler und einen ausgangsseitig angeschlossenen gemeinsamen Tiefentladeschutz.

Bei der Anschaffung eines Windgenerators ist auf Folgendes zu achten:

- Für welche Akku-Nennspannung ist er als Lieferant der Ladeenergie vorgesehen?
- Welchen Ladestrom kann er maximal bzw. optimal liefern?
- Bei welcher Windgeschwindigkeit beginnt er, eine brauchbare Ladespannung und einen brauchbaren Ladestrom zu liefern?
- Welche Anwendungsmöglichkeiten empfiehlt der Hersteller bevorzugt?
- Welche zusätzlichen speziellen Eigenschaften weist er auf?

Gut zu wissen

Kleine Windgeneratoren sind zwar überwiegend als Wechselstromgeneratoren ausgelegt, aber in vielen ist bereits ein Gleichrichter integriert, und sie liefern ausgangsseitig Gleichstrom. Bei einigen kleineren Windgeneratoren ist jedoch der Gleichrichter erst in ihren Ladereglern untergebracht. In diesem Fall ist es wichtig, dass gleichzeitig mit dem Windgenerator auch der passende Laderegler mitgekauft wird. Manche dieser speziellen Windgeneratoren-Laderegler verfügen über einen zusätzlichen Anschluss für ein Solarmodul.

1.5 Wechselrichter

Wechselrichter *(Spannungswandler)* sind Geräte, die eine Gleichspannung in eine andere Gleichspannung (z. B. 12 V in 24 V) oder in eine Wechselspannung (z. B. 230 V~) umwandeln.

Als Sonderzubehör von Solar- oder Windgeneratoren-Anlagen werden in den meisten Fällen Wechselrichter verwendet, die eine 12- oder 24-V-Solarspannung in eine 230-V-Wechselspannung umwandeln. Dies ist allerdings nur dann nötig, wenn Verbraucher betrieben werden sollen, die nur als Netzgeräte erhältlich bzw. bereits vorhanden sind.

Bei der Anschaffung eines Wechselrichters ist auf Folgendes zu achten:

- Diverse preiswerte Wechselrichter liefern nur eine reine Rechteckspannung *(Abb. 1.37 a)* oder eine trapezförmige 230-V-Wechselspannung *(Abb. 1.37 b)*. Gute Sinus-Wechselrichter liefern dagegen eine netzidentische sinusförmige Wechselspannung *(Abb. 1.37 c)*, die vor allem für empfindliche elektronische Geräte (Notebook, Fernseher, Akku-Ladegeräte, Geräte mit Schaltnetzteilen) und induktive Lasten (Elektromotoren und Geräte mit Transformatoren) empfehlenswert ist. An einen Wechselrichter, der keine netzidentische, sondern nur eine rechteck- oder trapezförmige Spannung liefert, sollten nur elektrische Verbraucher angeschlossen werden, die den elektrischen Strom ausschließlich in Wärme umwandeln: elektrische Heizungen, Wasserkocher oder Glühlampen.
- Die *Eingangsspannung* muss identisch mit der Batterie- oder Anlagenspannung bzw. der Caravan-, Reisemobil- oder Bootspannung (12 V oder 24 V) sein.
- Die *Ausgangsleistung* sollte gut auf die vorgesehenen Verbraucher abgestimmt, aber nicht übertrieben hoch sein. Letzteres hat bei einfacheren Wechselrichtern einen unnötig hohen Eigenverbrauch zur Folge.
- Die *Ausgangsspannung* sollte 230 V~ (und nicht 220 V~) betragen.
- Der *Wechselrichter-Wirkungsgrad* sollte möglichst hoch sein (bevorzugt annähernd 95 %, denn das verringert unnötige Solarleistungsverluste).

1.5 Wechselrichter

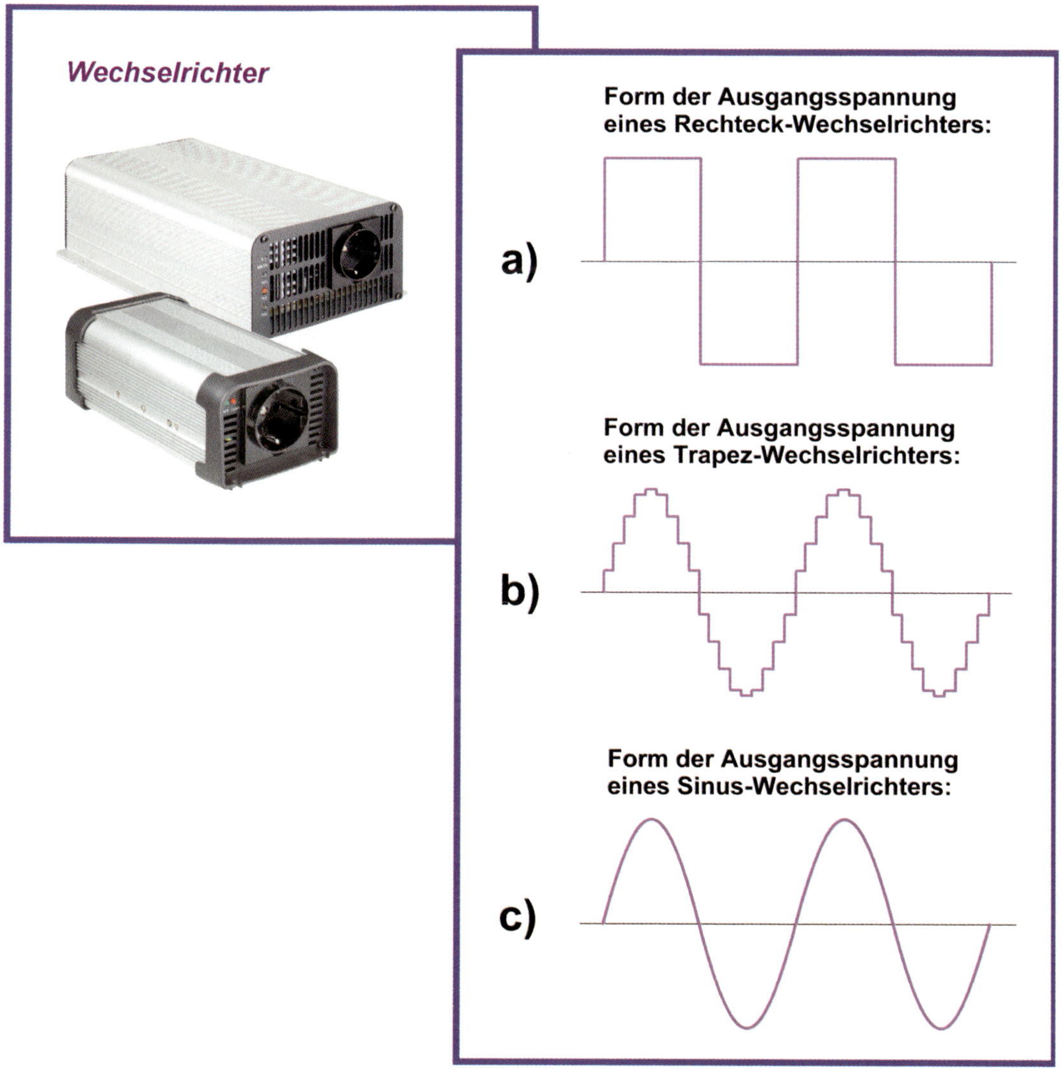

Abb. 1.37 – Formen des Verlaufs der Ausgangsspannung an Wechselrichtern: Nur eine sinusförmige Spannung ist identisch mit der Netzspannung und kann bedenkenlos alle elektrischen Verbraucher betreiben, die für eine Netzspannung ausgelegt sind.

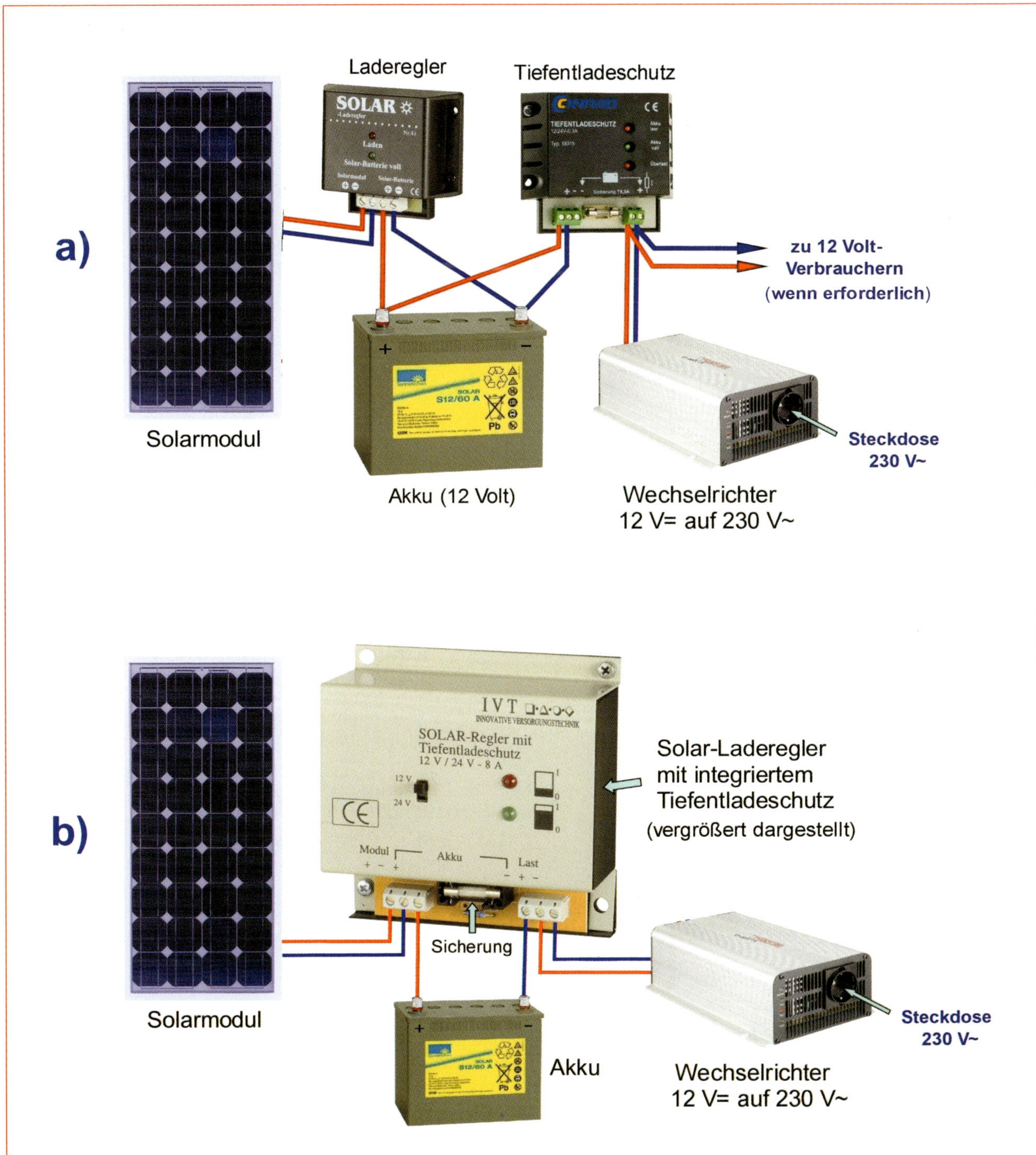

Abb. 1.38 – Ein Wechselrichter sollte an eine Bleibatterie unbedingt über einen Tiefentladeschutz angeschlossen werden: **a)** Anschlussbeispiel mit separatem Tiefentladeschutz; **b)** Anschlussbeispiel mit im Laderegler integriertem Tiefentladeschutz.

2 Solarstrom im Freien

Ob am Meeresstrand, am Strand eines Sees oder am Ufer eines Flusses, wo man einen ganzen Tag oder nur einige Stunden gemütlich verbringen möchte: Solarstrom kann unter Umständen willkommene Dienste leisten.

Um sich eine objektive Vorstellung von den praktischen Nutzungsmöglichkeiten dieser Stromversorgung machen zu können, muss man sich allerdings die ganze Vielfalt dieser Freizeitgestaltung in bunteren Varianten vorstellen. Wie bunt? Das hängt nur von der individuellen Fantasie und der Beziehung zur Natur ab.

Was darunter zu verstehen ist, werden die nun folgenden Beispiele zeigen, bei denen gleich praxisbezogene Anwendungstipps gegeben werden.

2.1 Solarstromversorgung kleiner Verbraucher

Die Anwendungsmöglichkeiten kleinerer solarelektrisch betriebener Verbraucher im Freien hängen vor allem davon ab, welche dieser Geräte für eine Betriebsspannung von 12 V ausgelegt sind (sie werden meist als Autozubehör angeboten).

Unternimmt man während der kühleren Jahreszeit einen Tagesausflug in die Natur, könnte es begrüßenswert sein, wenn man sich etwas aufwärmen und Kaffee oder Tee kochen kann. Wenn zudem Kleinkinder dabei sind, kann ein kleiner elektrischer Wasserkocher das Aufwärmen von Getränken ermöglichen.

Wer auf seinen frischen Nachmittagskaffee nicht verzichten möchte, wird sich vielleicht einen kleinen 12-V-Wasserkocher anschaffen, um seinen Kaffee an

Zu beachten

Das direkte Nachladen eines Akkus (einer Batterie) mit einem Solarmodul kann nach *Abb. 2.1b* auch ohne Laderegler erfolgen, wenn folgende zwei Bedingungen erfüllt sind:

a) Die Nennspannung des Moduls darf nicht höher als 14 V sein.

b) In die Verbindung des Pluspols des Moduls und des Pluspols des Akkus muss eine Schottky-Diode eingebaut werden, um zu verhindern, dass sich der Akku über das Solarmodul entlädt, wenn dessen Spannung z. B. wegen vorbeiziehender Wolken niedriger wird als die des Akkus. Je nach Modul-Nennstrom (= Ladestrom) kann eine 1-A-Diode (z. B. der Type SB 130), eine 2-A-Diode (z. B. der Type BYV 2100) oder eine 5-A-Diode (z. B. der Type SB 530) verwendet werden.

Wird ein Solarmodul benutzt, dessen Nennspannung höher als 14 V ist, sollte das Laden des Akkus entweder über einen kleinen Solar-Laderegler nach *Abb. 2.2* oder wie in einem der Beispiele aus *Abb. 1.37* erfolgen.

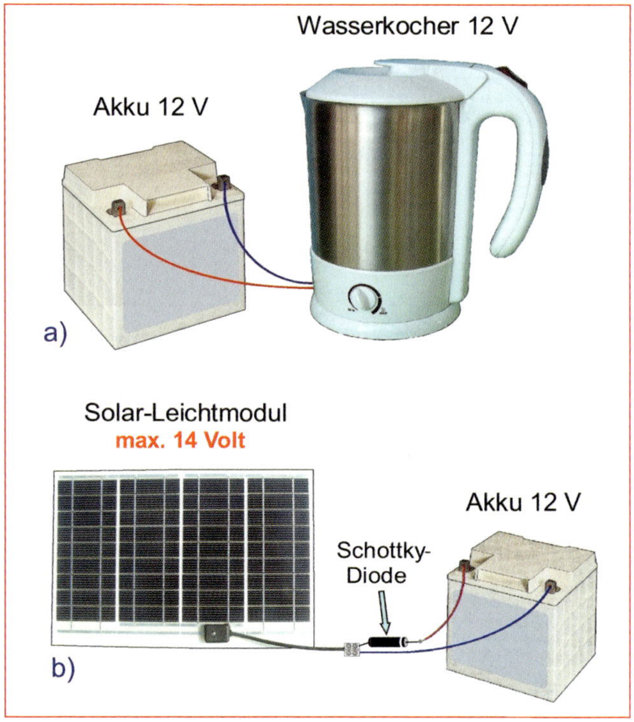

Abb. 2.1 – Ein Wasserkocher, ein kleiner Akku und ein Solarmodul können den Spaß an einem Ausflug in die Natur erhöhen: **a)** Erst kann das Wasser gekocht oder ein Getränk erwärmt werden; **b)** anschließend kann gleich an Ort und Stelle der Akku mit einem Solarmodul nachgeladen werden, um wieder zur Verfügung zu stehen (siehe hierzu den Buchtext).

Ort und Stelle mit Solarstrom kochen zu können. Hier ist eine direkte Stromversorgung ohne einen Zwischenspeicher (Akku) allerdings kritisch. Der Akku kann jedoch sehr klein und leicht sein, wenn er nur einen kleineren Wasserkocher ein einziges Mal mit Energie versorgen soll.

Ein praktisches Experiment hat Folgendes gezeigt: Ein 12-V-/300-W-Wasserkocher brauchte zehn Minuten (= 0,166 Stunden), um ca. 15 °C kaltes Wasser für vier

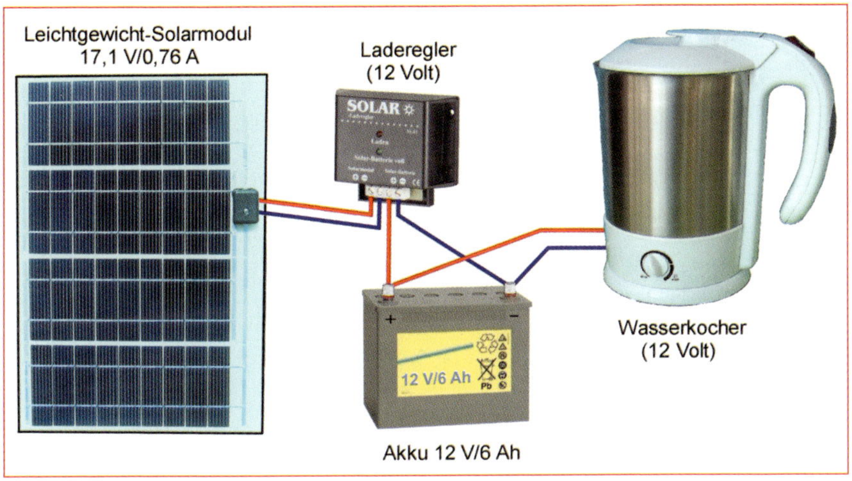

Abb. 2.2 – Wird zum Laden eines 12-V-Akkus ein Solarmodul verwendet, dessen Nennspannung höher als 14 V ist, darf das Laden **nicht** nach dem Beispiel aus *Abb. 2.1 b* erfolgen, sondern muss zumindest über einen kleinen Solar-Laderegler – wie abgebildet – stattfinden. Bei einer überschaubaren Stromabnahme (die weit unterhalb der Akku-Kapazität liegt) kann hier auf einen Tiefentladeschutz verzichtet werden.

Tassen Kaffee zum Kochen zu bringen. Daraus lässt sich nun der Stromverbrauch ausrechnen:

300 W : 12 V **=** 25 A.

Bei einem Akku manifestiert sich der Stromverbrauch als *Verbrauch der Akku-Kapazität in Ah (Amperestunden)*. In unserem Fall sind das die 25 A multipliziert mit 0,166 Stunden. Das ergibt einen Kapazitätsverbrauch von bescheidenen 4,15 Ah. Mit anderen Worten: Um unter ähnlichen Vorbedingungen Kaffee kochen zu können, wird ein 12-V-Akku benötigt, dessen Kapazität etwas größer sein sollte als die errechneten 4,14 Ah. Unter dem Begriff „etwas größere Kapazität" ist zu verstehen, dass der Akku während des Wasserkochens nicht zu tief entladen werden darf (das könnte ihn schwer beschädigen). Zudem hängt die ganze Kochprozedur von der Wassermenge, der Wassertemperatur und der Umgebungstemperatur ab. Im Prinzip wäre für ein solches Vorhaben z. B. ein 12-V-/9-Ah-Bleiakku empfehlenswert. Er wiegt nur etwa 2,4 kg, seine Abmessungen sind sehr bescheiden (ca. 13,5 × 7,5 × 13,5 cm), und er kann an einem sonnigen Tag auch mit einem kleineren Solarmodul nachgeladen werden.

Wer energiesparend frischen Kaffee kochen möchte, kann sich zu einem Tagesausflug heißes Wasser in einer Thermosflasche mitnehmen. Dieses kann sehr schnell zum Kochen gebracht werden und der Energiebedarf sinkt weit unter die Hälfte der vorhin angesprochenen 4,15 Ah. In diesem Fall reicht dann ein kleiner 12-V-/5-Ah-Bleiakku, der nur ca. 1,5 kg wiegt.

Dieses Beispiel hat nur informativen Charakter. Wer derartige Anwendungen nutzen möchte, kann selbst (rechtzeitig) praktisch austesten, welche Lösung sich für seinen Bedarf am besten eignet.

Ein elektrisches 12-V-Heizkissen kann das Wohlbefinden steigern (oder retten), wenn es z. B. beim Liegen am Ufer eines romantischen Flusses plötzlich zu kühl wird. Die Stromversorgung lässt sich hier nach dem bereits in *Abb. 1.22* dargestellten Beispiel leicht bewerkstelligen, denn es genügt meist die direkte Stromversorgung des Heizkissens von einem Solarmodul aus. Anstelle des Heizkissens können auch elektrisch beheizte Schuhe das Wohlbefinden aufrechterhal-

2.1 Solarstromversorgung kleiner Verbraucher

ten, wenn man z. B. beim Fischen während der kühleren Jahreszeit zu lange unbeweglich am Ufer eines Teiches oder Flusses sitzt.

Elektrische Heizkissen, Heizdecken, beheizte Schuhe und Fußwärmer, beheizte Autositze und ähnliche wärmespendende elektrische Gebrauchsgegenstände sind oft als Autozubehör für eine Versorgungsspannung von 12 V (oder 24 V) ausgelegt und können direkt von einem Solarmodul aus mit Strom versorgt werden. Sie sind für relativ kleine Abnahmeleistungen ausgelegt, die bei etwa 30 W beginnen.

Für eine solarelektrische Stromversorgung handelt es sich unter solchen Umständen um eine ziemlich hohe Leistung, die von einem relativ großen Solarmodul erbracht werden kann (vorausgesetzt, die Sonne macht mit). Wir sehen uns nun genauer an, mit welchen praktischen Problemen ein solcher Spaß verbunden ist:

Ein 12-V-Verbraucher, dessen Abnahmeleistung 30 W beträgt, bezieht einen Strom von 2,5 A (30 W : 12 V = 2,5 A). Das benötigte Solarmodul müsste demnach theoretisch für eine Spannung von 12 V und einen Strom von 2,5 A ausgelegt sein. Eine solche Leistung würde ein kristallines Solarmodul mit einer Brutto-Fläche von etwa 23 dm² liefern können. Das Modul

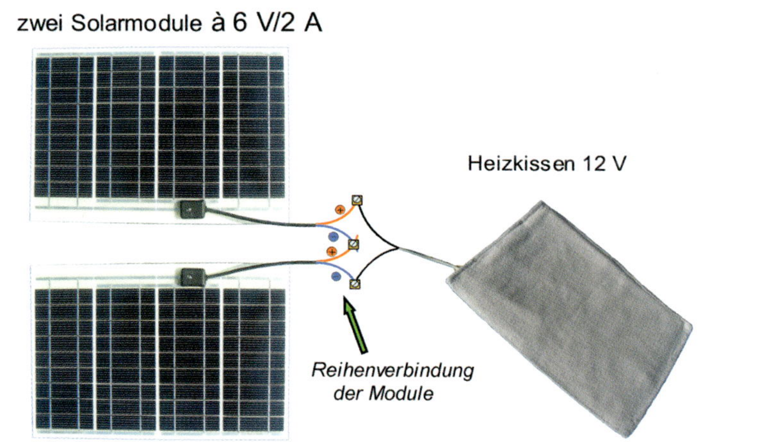

Abb. 2.3 – Bei einer direkten Solarstromversorgung benötigt ein elektrisches Heizkissen eine angemessen große Spannungsversorgung, die z. B. von zwei relativ kleinen Leichtgewicht-Solarmodulen bezogen werden kann.

könnte z. B. etwa 68 cm lang und 34 cm breit sein. An seiner Stelle ließen sich zwei flexible kristalline Solarmodule besser transportieren, die nur etwa 34 × 34 cm groß und nur ca. 3 mm dick sind.

In der Praxis kann man sich jedoch bei solchen Anliegen auch mit einer etwas geringeren Solarleistung zufriedengeben – wie es in dem Beispiel aus *Abb. 2.3* getan wurde. Wie gut wird unser Heizkissen seine Aufgabe dann noch erfüllen? Die Modul-Nennleistung beträgt hier 24 W (12 V × 2 A = 24 W). Das Heizkissen wird in diesem Fall zwar bestenfalls eine Wärmeleistung von ca. 24 W (anstelle von 30 W) aufbringen können, was aber praktisch ausreicht. Meist genügt es, wenn ein relativ bescheidener Wärmenachschub den Körper vor Auskühlung schützt. Das gilt auch für elektrische Fußwärmer oder andere vergleichbare elektrische Wärmespender.

Übernimmt ein kleiner, zu Hause aufgeladener Akku die Stromversorgung eines im Freien betriebenen elektrischen Verbrauchers – z. B. unseres Heizkissens – kann ein zusätzliches kleines Solarmodul den Energievorrat im Akku erhöhen und entweder durchlaufend oder auch nur zwischenzeitlich den Akku nachladen, wie es im Zusammenhang mit dem Wasserkocher *(Abb. 2.1)* erläutert wurde.

2.2 Solarbetriebene Ventilatoren

Elektrische Ventilatoren gehören zu den genügsamen Verbrauchern, die in einem ziemlich breiten Spannungsbereich arbeiten. Ein 12-V-Ventilator läuft oft bereits bei etwa 3 bis 5 V an und verkraftet auch eine etwas höhere Versorgungsspannung, als seiner Nennspannung entspricht. Ähnlich verhalten sich zwar die meisten Gleichstrommotoren, aber da ein Ventilator konstruktionsbedingt nur geringfügig belastet ist, gibt er sich oft schon mit einer niedrigeren Versorgungsspannung zufrieden als z. B. ein stärker belasteter Motorantrieb. Seine Drehzahl und seine Leistung hängen allerdings von der ihm zugeführten Versorgungsspannung ab: Sie erhöhen sich mit steigender Spannung (bei ausreichendem Stromangebot) und sinken mit abnehmender Spannung gleitend bis zum Stillstand.

Abb. 2.4 – Die Suche nach dem passenden Solarmodul für einen Ventilator entfällt, wenn beides als Set gekauft wird *(Foto/Anbieter: Conrad Electronic und Westfalia)*.

Gibt man sich damit zufrieden, dass der Ventilator nur dann läuft, wenn die Sonne scheint, kann ein solarelektrischer Direktantrieb ohne Energie-Zwischenspeicher (Akku) verwendet werden. Zu diesem Zweck sind oft komplette Sets nach *Abb. 2.4* erhältlich.

Ist es erwünscht, dass der Ventilator z. B. auch noch nach Sonnenuntergang lüftet, müssen ein Akku und ein Laderegler zwischen das Solarmodul und den Ventilator geschaltet werden. Der Nennstrom des Solarmoduls ist auf die Kapazität des Akkus und auf den Nachladebedarf abzustimmen.

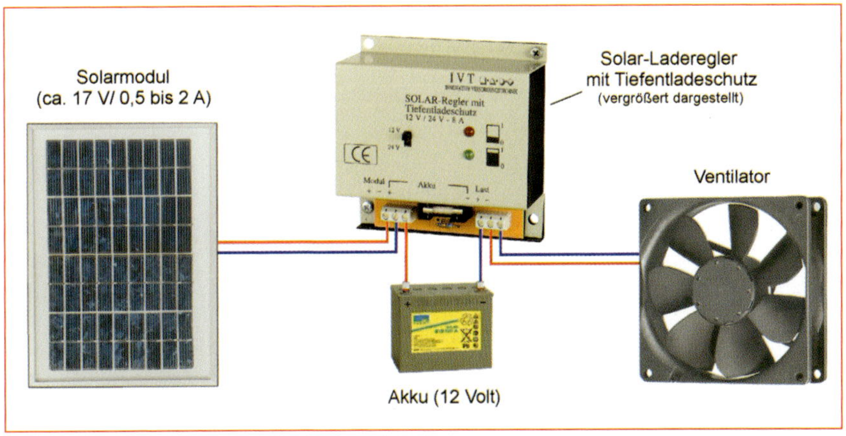

Abb. 2.5 – Wird ein Ventilator über einen solar geladenen Akku betrieben, richtet sich die Wahl des Solarmoduls nach der vorgesehenen Betriebsdauer und der Stromabnahme des Ventilators.

2.3 Solarbetriebene kleine Kühlboxen

Elektrische Hand-Kühlboxen (die für 12-V-Batteriebetrieb ausgelegt sind) werden immer preiswerter und sind in verschiedenen Größen und Leistungen erhältlich. Sie eignen sich insbesondere im Sommer zum Kühlen von Getränken, Obst, Schokolade und anderen Lebensmitteln, die einigermaßen kühl aufbewahrt werden müssen.

Für welche Art von Ausflügen man eine solche Kühlbox auch verwendet, ihr Vorteil besteht darin, dass sie während der Fahrt im Auto an die Autobatterie angeschlossen werden kann und bis ans Ziel optimal kühlt. Das Auto muss allerdings oft weit vom Strand entfernt geparkt und der Rest des Weges mit der Kühlbox in der Hand gelaufen werden.

Die Kühlbox bleibt noch eine Zeitlang kühl – wie lange, hängt sowohl von der Umgebungstemperatur ab als auch davon, wie oft sie geöffnet wird. Wenn für die Box ein leichtes, flexibles Solarmodul als Stromgenerator mitgenommen wird, kann es sie z. B. am Strand weiterhin mit Strom versorgen. Dies zwar nur dann, wenn die Sonne scheint, was aber genügt – denn wenn die Sonne nicht scheint, sinkt ja die Umgebungstemperatur, und die Kühlbox bleibt ohnehin noch einige Stunden lang kühl.

Welches Solarmodul wird hier benötigt?

Am besten eignet sich für solche Zwecke das angesprochene Leichtgewicht-Solarmodul, das entweder als flexibles Modul oder als in der Mitte zusammenklappbares Modul leicht transportierbar ist. Es sollte sich dabei bevorzugt um ein kristallines Modul, *nicht* um ein amorphes Dünnschichtmodul handeln. Amorphe (Dünnschicht-) Solarzellen haben einen zu niedrigen Wirkungsgrad; das Modul muss daher über eine mehr als doppelt so große Zellenfläche verfügen wie ein kristallines Modul (siehe hierzu auch Kapitel 7).

Die Nennleistung eines solchen Solarmoduls muss in diesem Fall nicht unbedingt auf die volle 35- bis 40-W-Nennleistung der Kühlbox abgestimmt sein. So kann zum Beispiel eine 12-V-/3-A-Kühlbox zufriedenstellend mit einem 12-V-/2-A-Solarmodul betrieben werden. Wenn die Kühlbox dabei im Schatten steht, wird sie auch an heißen Sommertagen ihren Inhalt ausreichend kühl halten. Bei großer Hitze sollte die Kühlbox nicht allzu oft geöffnet werden, denn der aufgewärmte Inhalt muss anschließend wieder intensiv gekühlt werden.

Gegen ein großzügiger dimensioniertes Solarmodul von z. B. 12 V/3 A wäre selbstverständlich nichts einzuwenden. Im Gegenteil: Die Zellen werden sich auch bei größerer Hitze weniger aufheizen.

Wir sind in diesem Beispiel von einer 12-V-/3-A-Kühlbox (36-W-

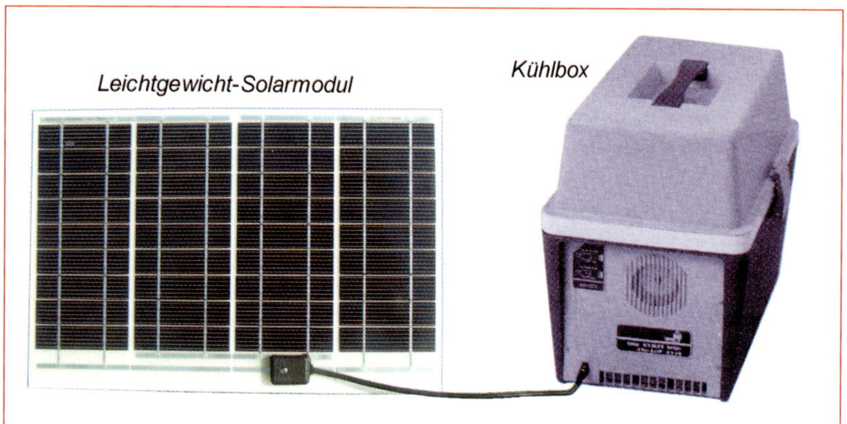

Abb. 2.6 – Eine kleinere 12-V-Elektro-Kühlbox kann von einem Leichtgewicht-Solarmodul auch direkt ausreichend mit Strom versorgt werden.

2.3 Solarbetriebene kleine Kühlboxen

Kühlbox) ausgegangen. Das ist zwar eine der kleineren Kühlbox-Typen, aber für normale Bedürfnisse reicht sie aus (vor allem, wenn man sie auch länger tragen muss). Es spricht jedoch nichts dagegen, sich eine wesentlich größere Kühlbox zuzulegen und das Solarmodul dementsprechend auch etwas großzügiger auf den Kühlbox-Verbrauch abzustimmen. Wenn eine solche Anlage des Öfteren dort genutzt wird, wo man andernfalls Getränke auch an einem Kiosk kauft, wird sie sich – bei den stolzen Kiosk-Preisen – schnell amortisieren.

In manchen Fällen wird es möglich sein, die elektrische Kühlbox im Auto zu lassen und die Getränke oder gekühlten Speisen jeweils bedarfsbezogen zu holen. Die Tatsache, dass sich die meisten dieser Kühlboxen an den Zigarettenanzünder des Autos anschließen lassen, darf jedoch nicht zu der Annahme verleiten, dass die Autobatterie mit dieser zusätzlichen Energieabnahme automatisch zurechtkommt. Es kann leicht vorkommen, dass die Kühlbox zwar den ganzen Tag einwandfrei gekühlt hat, das Auto aber abends nicht mehr starten will, weil die Autobatterie von der Kühlbox „leergesogen" wurde.

Ob eine solche Kühlbox einen zu großen Teil der Autobatteriekapazität in Anspruch nimmt, lässt sich folgendermaßen ausrechnen:

Angenommen, auf der Kühlbox steht, dass sie für eine Spannung von 12 V und einen Strom von 4 A ausgelegt ist. Uns interessieren hier die 4 A. Wenn diese Box von einer Autobatterie eine Stunde lang 4 A bezieht, verringert sie den energetischen Inhalt der Autobatterie um 4 Amperestunden (4 Ah). Hat die Autobatterie z. B. eine Nennkapazität von 60 Ah, kann die Kühlbox ihren energetischen Inhalt innerhalb von zehn Stunden um bis zu 40 Ah verringern. Die Formulierung „um bis zu" bezieht sich darauf, dass die Kühlbox unter Umständen (wenn es nicht zu heiß ist) nicht durchlaufend die vollen 4 A bezieht, sondern zwischendurch auch abschaltet.

Nicht zu unterschätzen ist jedoch die Tatsache, dass eine 60-Ah-Autobatterie nicht immer voll aufgeladen ist oder dass sie nach dem Aufladen nicht unbedingt auch tatsächlich über den theoretischen energetischen Inhalt von 60 Ah verfügt. Eine ältere 60-Ah-Autobatterie lässt sich möglicherweise nur noch auf etwa 80 % der Nennkapazität aufladen und könnte somit von einer Kühlbox schneller „leer gepumpt" werden, als theoretisch zu erwarten ist. Aus diesem Grund ist es von Vorteil, wenn man in solchen Fällen durch solarelektrisches Nachladen der Autobatterie zumindest teilweise den Energieverbrauch kompensiert. Aber Vorsicht: Verschiedene Mini-Solarmodule, die nicht viel größer als zwei oder drei Sardinendosen sind, brauchen auch unter den günstigsten Umständen einen ganzen Tag, um den Akku um eine einzige Amperestunde nachzuladen und wirken sich auf die Akku-Kapazität im Prinzip nur wie ein Tropfen auf den heißen Stein aus.

Ein solches Nachladen kann dennoch z. B. die Selbstentlade-Verluste der Autobatterie kompensieren, wenn das Wetter mitmacht und das Solarmodul optimal von der Sonne bestrahlt wird.

2.4 Solar-Kühlschränke

Kühlschränke sind in zwei Ausführungen erhältlich: als Absorptions- und als Kompressorkühlschränke. Absorptionskühlschränke arbeiten zwar sehr leise (was für die Nachtruhe von Vorteil ist), aber sie haben einen wesentlich größeren Stromverbrauch als Kompressorkühlschränke. Deshalb sind Solarkühlschränke überwiegend als Kompressorkühlschränke angelegt und für eine 12-V-Gleichspannungsversorgung vorgesehen. Manche Solar-Kühlschränke sind mit einem internen Tiefentladeschutz ausgestattet.

Der Energieverbrauch kleinerer Solar-Kühlschränke liegt zwischen ca. 280 und 350 Wattstunden (Wh) pro 24 Stunden bzw. etwa 23,5 bis 29 Amperestunden, die der Kühlschrank dem verwendeten Akku (bzw. der Bordbatterie) pro Tag entzieht. Eine mittelgroße Autobatterie von 60 Ah würde demnach einen solchen Kühlschrank bestenfalls zwei Tage lang mit Energie beliefern können, danach wäre es mit dem ganzen Spaß vorbei. Eine größere Reisemobil- oder Bootbatterie würde mit einer solchen Aufgabe leichter zurechtkommen, müsste aber dennoch fast ununterbrochen (und angemessen kräftig) nachgeladen werden.

Wenn ein Reisemobil oder ein Boot tagsüber viel herumfährt und seine Lichtmaschine dabei die Bordbatterie ausreichend kräftig nachladen kann, kann ein zusätzliches Solarmodul mit Laderegler als eine Art Unterstützung der Lichtmaschine fungieren. Es dürfte ziemlich bescheiden dimensioniert werden – vorausgesetzt, alle weiteren „Stromfresser" wie Beleuchtung, Unterhaltungselektronik oder elektrische Lüftung überstrapazieren nicht den jeweiligen Energievorrat der Bordbatterie. Mehr Klarheit über die Dimensionierung der Bordbatterie schafft hier die technische Dokumentation des Fahrzeuges bzw. eine Auskunft des Herstellers.

Bei einem Boot lohnt es sich in solchen Fällen, es mit einer Kombination aus Solarmodulen und kleinem Windgenerator nachzurüsten. Unter Umständen ist am See das Windaufkommen bei trübem Wetter kräftig genug, um aus dem Windgenerator solide Ladeleistungen beziehen zu können; wenn es wiederum ziemlich windstill und sonnig ist, können die Solarzellen die Bordbatterie laden.

Abb. 2.7 – Solar-Kühlschränke verbrauchen ziemlich viel Strom und benötigen daher entsprechend große Bordbatterien als Energiespeicher.

Bei einem Reisemobil oder Caravan ist die Anwendung eines Windgenerators nicht immer so einfach wie bei einem Boot. Ein kleiner mobiler Windgenerator kann hier unter Umständen ebenfalls gute Dienste leisten, jedoch nur stationär (nicht während der Fahrt). Solarzellen dagegen können zwar auch während der Fahrt genutzt werden, wenn sie auf dem Dach des Fahrzeugs montiert sind, aber diese Lösung funktioniert verständlicherweise nur dann, wenn das Wetter mitmacht.

2.5 Solarbetriebene mobile Klimaanlagen

Mit der Erholsamkeit eines Urlaubs ist es schnell vorbei, wenn die Nächte so heiß sind, dass man in seinem Caravan, Reisemobil oder Boot nicht schlafen kann. Wenn nicht bereits der Hersteller eine solide Klimaanlage eingebaut hat, schafft dann eine kleine mobile Klimaanlage Abhilfe. Sie stellt jedoch, im Vergleich zu einem Kühlschrank, wesentlich höhere Ansprüche an die Energieversorgung, denn unterhalb von etwa 1.000 W ist auch in einem nur mittelgroßen Caravan oder Reisemobil eine spürbare Kühlung nicht realisierbar. Zudem muss ein solches Klimagerät an heißen Tagen weitgehend ununterbrochen laufen, da andernfalls der Innenraum mit allen vorhandenen Möbeln die Wärme schnell speichert und danach in Hinsicht auf das Kühlen zum Spielverderber wird.

Eine solarelektrische Stromversorgung kann in einem solchem Fall meistens nur eine Hilfsfunktion übernehmen, denn um solarelektrisch 1.000 W zu erzeugen, würde man auch bei den besten monokristallinen Solarmodulen eine Fläche von etwa 8,2 bis 9 m² brauchen. Wird ein Wechselrichter benötigt, erhöht sich der Solarflächen-Bedarf noch um die Verluste im Wechselrichter, die bei guten Wechselrichtern etwa 5 % betragen.

Eine derart große Solarzellen-Fläche kann z. B. auf dem Fahrzeugdach installiert werden, ist aber für einen Caravan oder ein Reisemobil unter Umständen zu kostspielig, denn für die wenigen Tage im Jahr, an denen eine Klimaanlage erforderlich ist, dürfte auch der teuerste Strom auf einem Campingplatz immer noch preisgünstiger sein als eine teure solarelektrische Anlage. Für ein größeres Boot oder eine Yacht kann dagegen eine solche Lösung erstrebenswert sein, denn mitten auf dem Wasser gibt es keinen Netzanschluss. Hier ist dann eine Kombination von Solarmodulen und Windgeneratoren angesagt – wobei als Lückenbüßer gelegentlich auch die Lichtmaschine des Bootes oder der Yacht einspringen muss.

Abb. 2.8 – Klimaanlagen sind leider meistens nur für Versorgungsspannungen von 230 V~ erhältlich und müssen daher unterwegs über einen zusätzlichen 12 V=/230 V~-Wechselrichter betrieben werden.

2.6 Solarversorgung der Beleuchtung

Solarversorgte Leuchten aller Art gehören zu den bekanntesten und am häufigsten verwendeten Solarprodukten. In den meisten Fällen handelt es sich jedoch um Solar-Leuchtkörper, in denen sowohl Solarzellen als auch eventuelle Akkus bereits integriert sind. Bei diesen Solarprodukten wird der Anwender nicht mit zusätzlichen Planungsüberlegungen konfrontiert und braucht sich mit den technischen Hintergründen gar nicht zu befassen.

Für unsere themenbezogenen Anwendungen brauchen wir aber manchmal zuverlässige Lichtquellen, die nicht nur von gelegentlichen Launen der Natur abhängen, wie es bei vielen Solar-Außenleuchten mit integrierten Solarzellen der Fall ist.

Die solarelektrische Versorgung von Lampen ist ziemlich einfach zu bewerkstelligen, denn jede Lampe benötigt einen fest vorgegebenen Strom, und ihre Leuchtdauer bestimmt dann den leicht nachvollziehbaren Strom- bzw. Energieverbrauch, der aus dem dafür vorgesehenen Akku gedeckt wird.

Während die Sonne scheint, ist elektrische Beleuchtung – bis auf einige Ausnahmen – verständlicherweise nicht erforderlich, daher muss die Solarenergie in einem Akku zwischengespeichert werden. Bei Campingfahrzeugen und Booten kann in den meisten Fällen einfach die Bordbatterie als gemeinsamer Energiespeicher benutzt und bei Bedarf mit einem Solarmodul etwas nachgeladen werden, wenn sie mehrere zusätzliche Leuchtkörper mit Strom versorgen muss und kein Netzanschluss vorhanden ist.

Beim Zelten oder ähnlichen Gelegenheiten ist eine gute Beleuchtung von Vorteil. Hier kann dann ein kleiner, leichter Akku tagsüber von einem kleinen Solarmodul nachgeladen werden. Die Akku-Kapazität ist dann so zu wählen, dass der Akku auch bei regnerischem Wetter die Stromversorgung der Beleuchtung angemessen lange aufrechterhalten kann. Dabei liegt es natürlich im individuellen Ermessen, unter welchen Umständen eine solche Lösung sinnvoll ist.

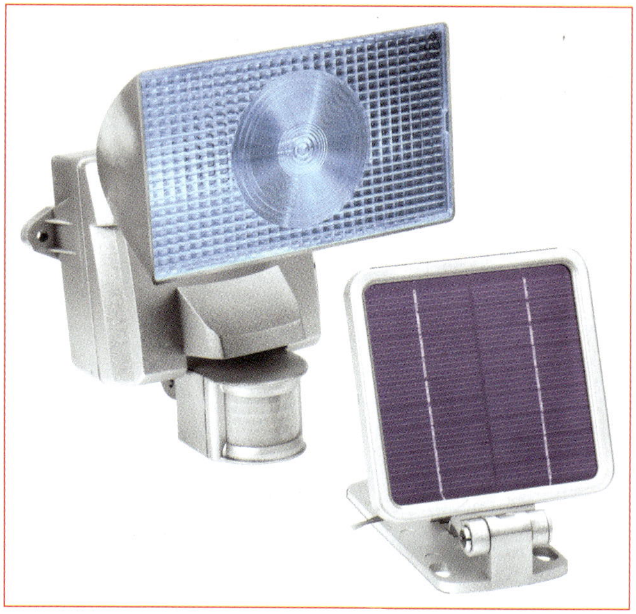

Abb. 2.9 – Ausführungsbeispiel eines solarbetriebenen 10-W-Halogenstrahlers, der als Bausatz mit einem leistungsstarken Solarmodul angeboten wird: Ein im Strahler integrierter Bewegungsmelder schaltet den Strahler für eine einstellbare Leuchtdauer ein (Foto/Anbieter: Westfalia).

Die Dimensionierung des benötigten Solarmoduls oder Akkus ist einfach, da man sich nach dem Verbrauch der einzelnen Leuchtkörper richten kann, die der Akku betreiben soll. Jede Lampe hat einen Energieverbrauch, der ihrer Leistung entnommen werden kann bzw. der nach dem Beispiel in *Abb. 2.11* einfach in den Stromverbrauch (in Ampere) umgerechnet wird. Der tägliche Stromverbrauch muss dann mit der Anzahl der Tage multipliziert werden, an denen ein Nachladen des Akkus vom Solarmodul erwartet wird.

2.6 Solarversorgung der Beleuchtung

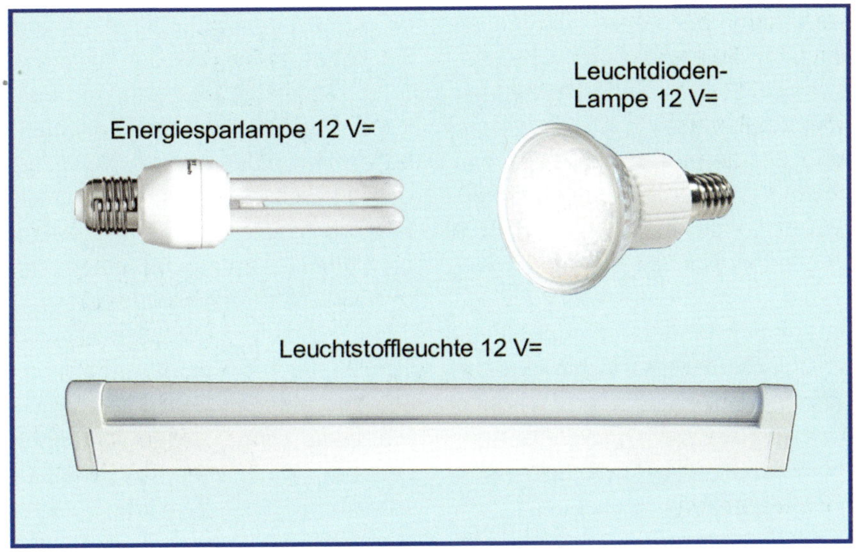

Abb. 2.10 – Für den „teuren" Solarstrom sollten als Leuchtkörper unbedingt nur energiesparende Lampen verwendet werden: 12-V-Energiesparlampen, 12-V-Leuchtdioden (LED)-Leuchten oder 12-V-Leuchtstofflampen benötigen im Durchschnitt nur ¼ bis 1/5 der Energie, die herkömmliche Glühbirnen beanspruchen.

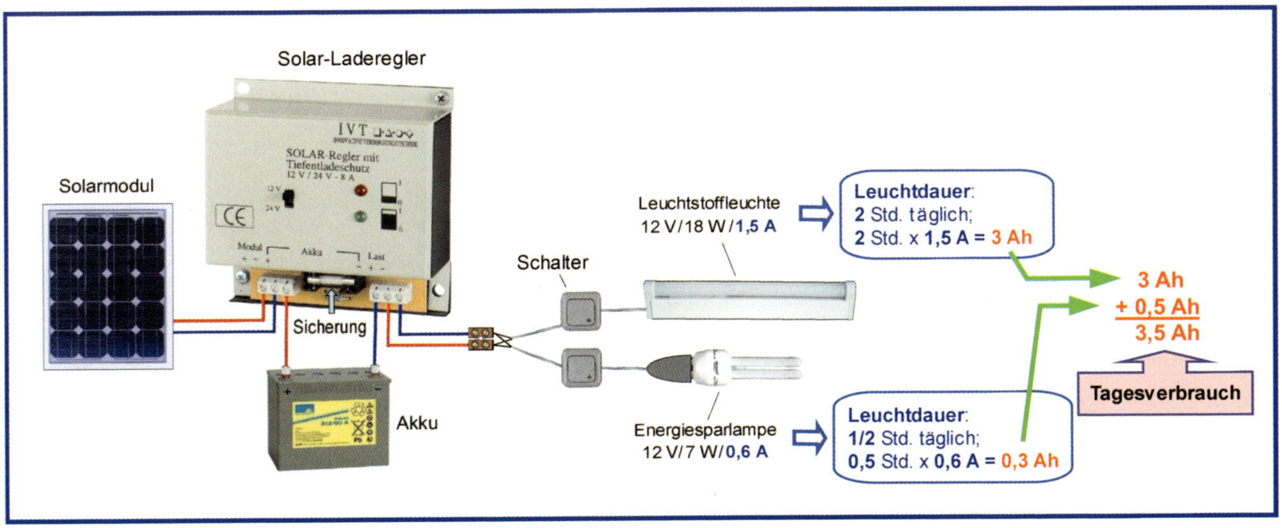

Abb. 2.11 – Aus dem Verbrauch der einzelnen Lampen und ihrer vorgesehenen Leuchtdauer kann die Kapazität des benötigten Akkus errechnet werden.

2.7 Solarbetriebene Geräte der Unterhaltungselektronik

Ähnlich wie die vorhin behandelten Lampen benötigen auch Geräte der Unterhaltungselektronik einen Akku als Energie-Zwischenspeicher. Es kann sich dabei sowohl um einen kleinen Akku handeln, der z. B. nur für die Stromversorgung eines kleinen Fernsehers vorgesehen ist, als auch um einen gemeinsamen Akku, der nach Bedarf auch diverse andere Geräte mit Strom versorgt. In beiden Fällen wird der Energiebedarf in Amperestunden (Ah) ausgerechnet und bei der Wahl der Akku-Kapazität nach dem Beispiel in *Abb. 2.12* berücksichtigt.

Der Nachladebedarf des Akkus ergibt sich dann automatisch aus dem errechneten Verbrauch. Dabei liegt es auch hier im persönlichen Ermessen, welche Zeitspanne für das Nachladen des Akkus eingeplant wird. Geht man beispielsweise davon aus, dass nur jeder zweite Tag sonnig sein wird, müsste das vorgesehene Solarmodul innerhalb von sieben bis acht Stunden die Akku-Kapazität nachladen können, die innerhalb von zwei Tagen verbraucht wurde. Das wäre allerdings unter Umständen ein ziemlich knapp kalkuliertes Nachladen. Die Umstände spielen hier jedoch eine bedeutende Rolle, denn sie bestimmen auch den Stellenwert der einen oder anderen solarelektrischen Stromversorgung, denn nicht alle elektrischen Geräte müssen unbedingt abrufbereit betrieben werden.

Unter den Geräten der Unterhaltungselektronik gibt es keine Produkte, die als ausgesprochen energiesparend zu klassifizieren wären. Sie können aber bei der Anschaffung solcher Geräte gezielt auf den in ihren technischen Daten angegebenen Verbrauch achten, denn die Unterschiede sind ziemlich groß. Wie das Beispiel in *Abb. 2.12* zeigt, gehört der Fernseher mit seinem Receiver nicht unbedingt zu den großen „Energiefressern". Bei schlechtem Wetter kann sich allerdings die Betriebsdauer des Fernsehers ziemlich in die Länge ziehen – demgegenüber wird aber höchstwahrscheinlich der Ventilator nicht benötigt. Was jedoch früher oder später benötigt wird, ist die Sonne. Die Akku-Kapazität sollte daher den Wetteraussichten angemessen nach Möglichkeit etwas großzügiger dimensioniert werden.

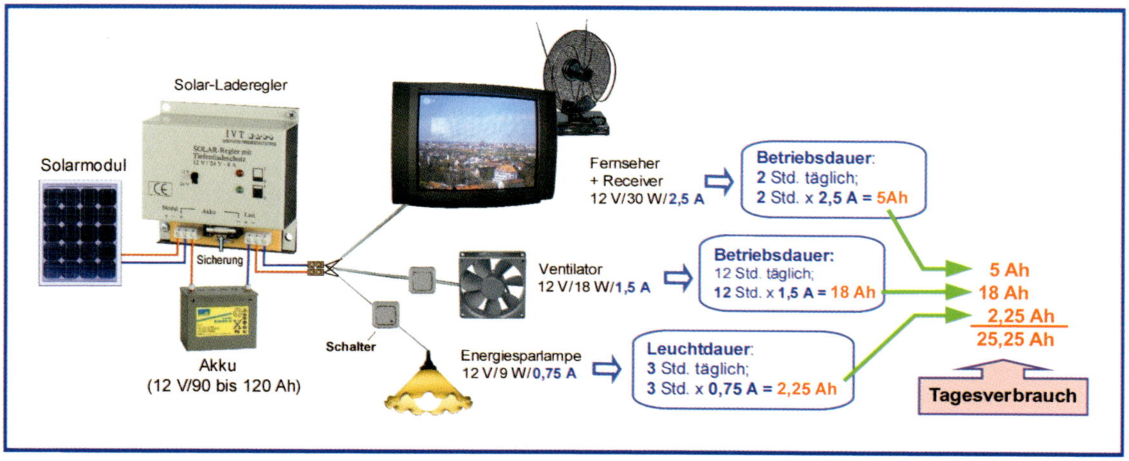

Abb. 2.12 – Aus der täglichen Betriebsdauer und dem Stromverbrauch der einzelnen Verbraucher errechnet sich auch hier der Energiebedarf, der einem Akku an Amperestunden z. B. pro Tag und pro Woche entnommen wird.

2.8 Solarbetriebene Elektrowerkzeuge und Geräte

Kleinere Elektrowerkzeuge sind oft als Akku-Werkzeuge ausgelegt und benötigen eine zusätzliche Stromversorgung nur für eventuelles Nachladen, das über einen Wechselrichter vorgenommen wird. Er hat ausgangsseitig eine normale Steckdose mit einer 230-V-Wechselspannung, wie *Abb. 2.13* zeigt. Über den Wechselrichter können bei Bedarf auch beliebige andere 230-V~-Werkzeuge oder -Geräte betrieben werden. Zu achten ist dabei nur darauf, dass die Nennleistung des verwendeten Wechselrichters die von ihm bezogene elektrische Leistung auch verkraftet.

Möchten Sie gelegentlich auch Kleingeräte mit Solarstrom versorgen, die für eine niedrigere Gleichspannung als 12 V ausgelegt sind, kann dies mit Hilfe eines Festspannungsreglers oder einer Zenerdiode nach *Abb. 2.14* bewerkstelligt werden. Wird eine andere Spannung als die hier eingezeichneten 9 V benötigt, kommt ein entsprechender Festspannungsregler zum Einsatz bzw. kann ein einstellbarer Spannungsregler verwendet werden. Für Stromabnahmen unterhalb von ca. 0,6 A genügt ein 1-A-Spannungsregler, für höhere Stromabnahmen muss ein Spannungsregler verwendet werden, der

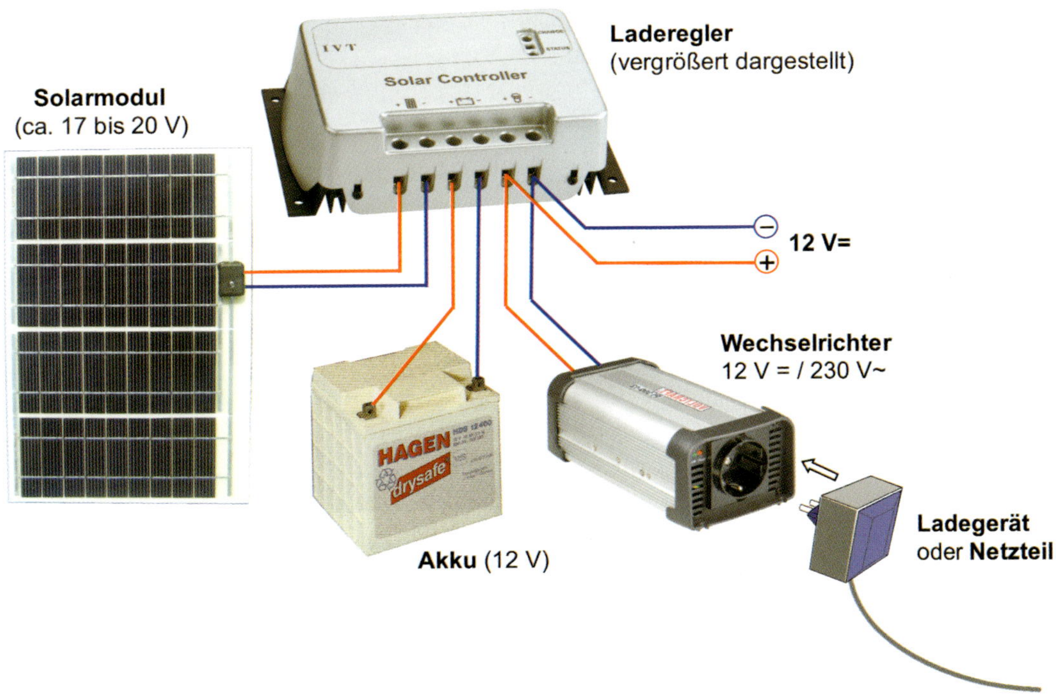

Abb. 2.13 – Grundschaltung einer Mini-Solaranlage, von der ausgangsseitig sowohl eine Gleichspannung von 12 V als auch eine 230-V-Wechselspannung bezogen werden kann: Der Nennstrom des Solarmoduls muss so gewählt werden, dass er den Akku ausreichend nachladen kann.

den vorgesehenen Strom verkraftet. Die Spannungsregler benötigen in jedem Fall einen Kühlkörper.

Für kleinere Stromabnahmen kann die Spannung z. B. mit Hilfe mehrerer 1-V-Zenerdioden begrenzt werden, die nach *Abb. 2.15* in Reihe geschaltet sind. Die Zenerdioden müssen jedoch imstande sein, die Leistung, die sie abfangen, in Wärme umzuwandeln, ohne dass sie dabei verbrennen. Eine preiswerte 1-W-/1-V-Zenerdiode müsste theoretisch einen Strom von bis zu 1 A verkraften (= einen Strom, den der angeschlossene Verbraucher bezieht). Praktisch würde sie sich aber bei einem Strom, der höher als ca. 0,5 A ist, zu sehr aufheizen. Es müsste also eine 2-W- (bzw. eine noch leistungsstärkere) Zenerdiode verwendet werden.

Die Funktion einer Spannungsregelung nach *Abb. 2.16* sollte mit einem Voltmeter kontrolliert werden, da

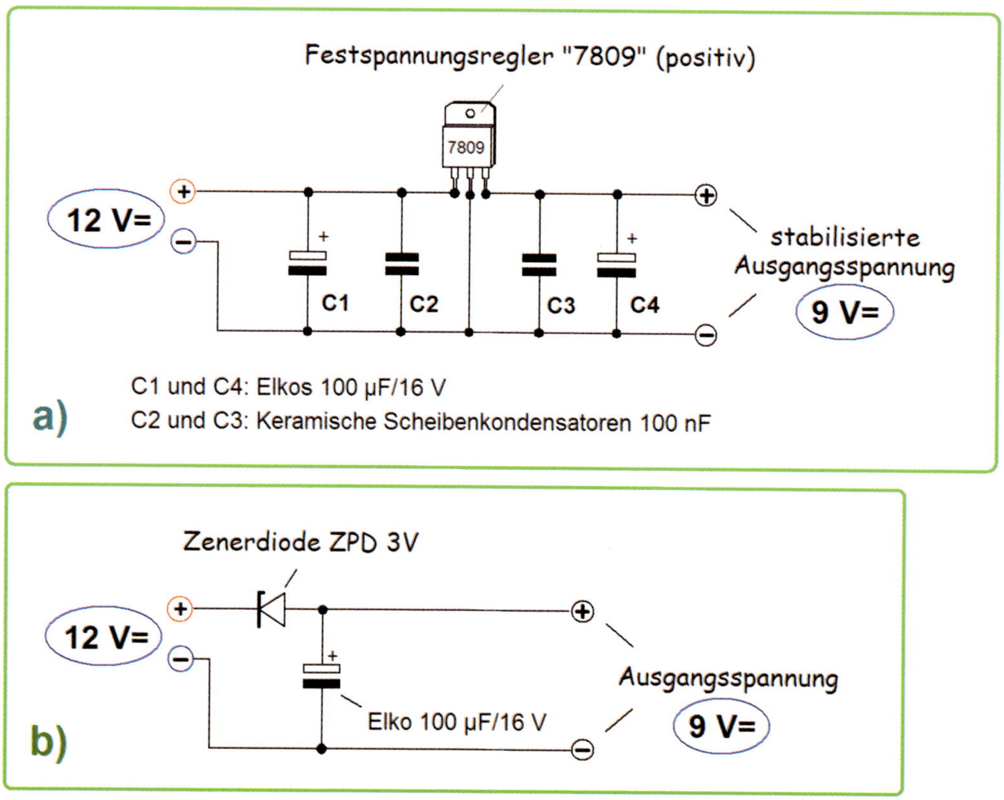

Abb. 2.14 – Mit Hilfe eines Spannungsreglers oder einer Zenerdiode kann die Spannung des Solar-Akkus auf den benötigten Wert (hier 9 V) reduziert werden: **a)** Schaltung einer Selbstbau-Spannungsregelung für höhere Stromabnahmen; **b)** Schaltung einer Spannungsreduktion mithilfe einer Zenerdiode, die die überflüssige Spannungsdifferenz abfängt.

manche Zenerdioden eine zu große Toleranzabweichung aufweisen. Spannungsabweichungen nach unten sind nicht kritisch, aber nach oben sollte die Ladespannung maximal ca. 20 % mehr betragen, als der Akku-Nennspannung (bzw. der Nennspannung der Akku-Kette) entspricht. Da jedoch die Spannungen der Zenerdioden ziemlich grob abgestuft sind, gibt man sich beim Laden auch mit einer etwas niedrigeren Ladespannung zufrieden, als mit der Obergrenze von 120 % übereinstimmt.

Die überflüssige Spannung wird von den Zenerdioden abgefangen und als *Verlustleistung* in Wärme umgewandelt. Dies bedeutet, dass die zu diesem Zweck verwendete Zenerdiode quasi wie ein kleiner Heizkörper funktioniert. Die elektrische Leistung, die die Zenerdiode in Wärme umwandelt, muss sie allerdings

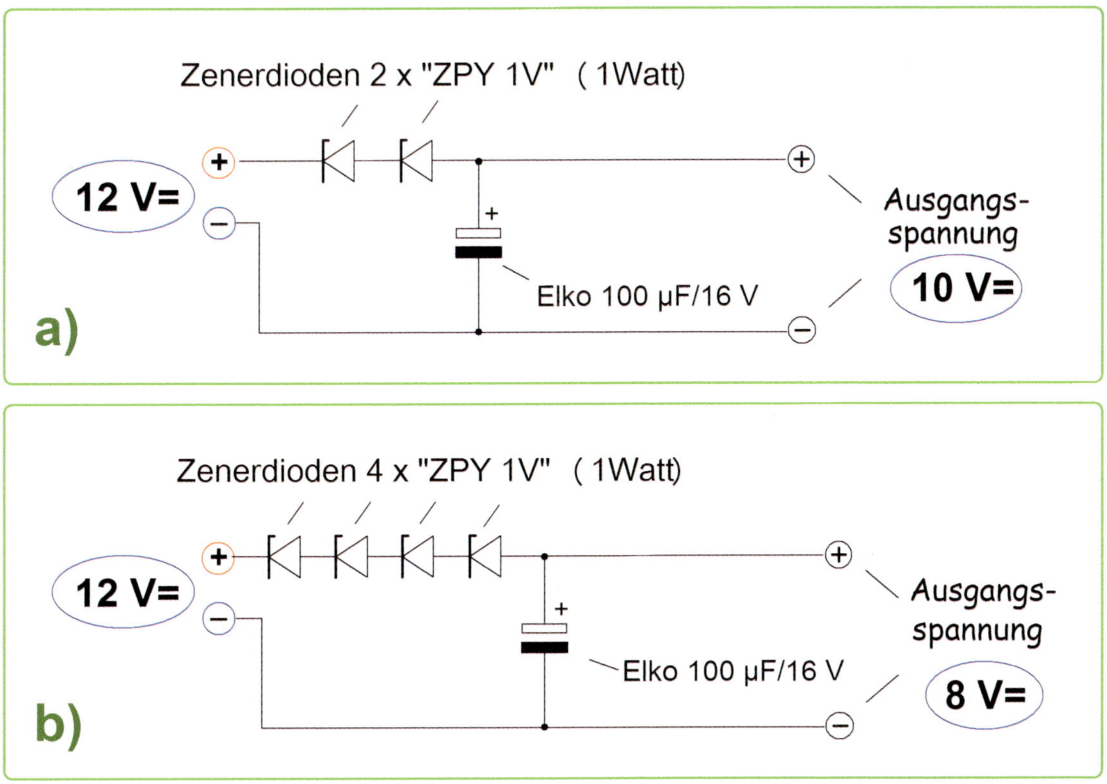

Abb. 2.15 – Eine unerwünscht hohe Spannung können bei Bedarf auch mehrere 1-V-Zenerdioden abfangen, die in Reihe geschaltet sind.

2.8 Solarbetriebene Elektrowerkzeuge und Geräte

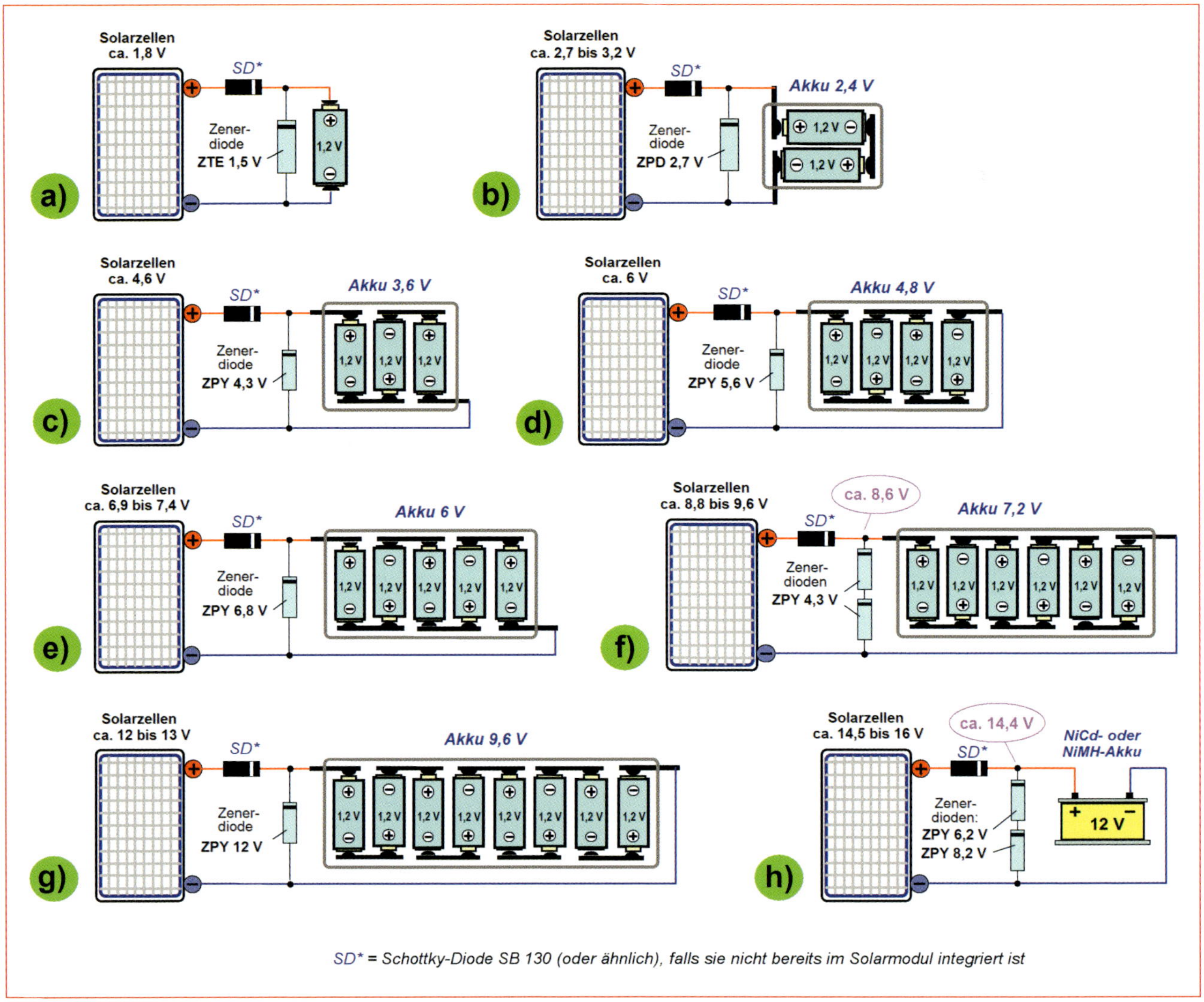

Abb. 2.16 – Da es für Spannungen unterhalb von 12 V keine Laderegler gibt, kann die Spannungsregelung bei kleinen Ladeströmen mit Hilfe von Zenerdioden vorgenommen werden: Es ist jedoch unbedingt darauf zu achten, dass die Zenerdioden nicht überbelastet werden (siehe hierzu unseren erklärenden Text).

auch verkraften können. Wir haben bei den Beispielen in *Abb. 2.16* Zenerdioden eingezeichnet, deren Leistung zwischen 0,25 und 1 W liegt.

Die Zenerdiode *ZTE 1,5 V (0,25 W)* aus *Abb. 2.16 a* eignet sich nur für einen Solar-Ladestrom, der bei einem 1,8-V-Solargenerator ca. 0,5 A nicht überschreitet – was in der Praxis für das Nachladen von kleineren Akkus ohnehin kaum vorkommt. Die Zenerdiode *ZPD 2,7 V* ist für eine Leistung von 0,5 W, alle weiteren Zenerdioden für eine Leistung von 1 W ausgelegt.

Die Problematik des Ladens bedarf zwar theoretisch einer aufwen-

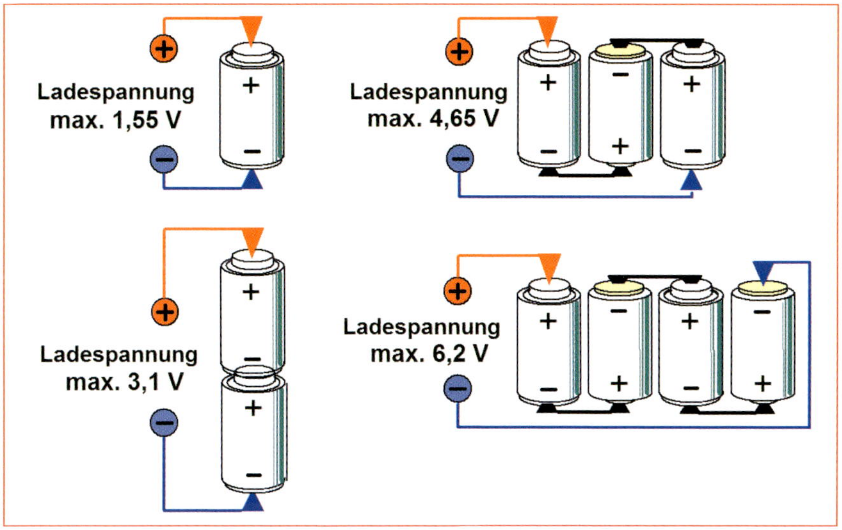

Abb. 2.17 – Empfohlene Höchstgrenzen der Ladespannung für NiCd- oder NiMH-Akkus, deren offizielle Nennspannung 1,2 V pro Glied beträgt.

Die Leistung, mit der die Zenerdioden in dieser Schaltung zurechtkommen müssen, ergibt sich aus der „überschüssigen" Differenzspannung, die sie in Wärme umwandeln müssen und aus dem Strom, den das kleine Solarmodul liefert bzw. der geladene Akku bezieht (Differenzspannung [in Volt] × Ladestrom [in Ampere] = Leistung [in Watt]).

Ein praktisches Beispiel dürfte es am schnellsten erläutern:

Angenommen, die Nennspannung des Solarmoduls aus dem Beispiel in *Abb. 2.16g* beträgt 13,1 V und sein Nennstrom 0,38 A. Die Ladespannung, die die eingezeichnete Zenerdiode *ZPY 12V (1W)* durchlässt, beträgt 12 V. Die Zenerdiode muss daher die überschüssige Spannung von 1,1 V quasi „in sich hineinfressen", in Wärme umwandeln und an die Umgebung abgeben. Durch die Zenerdiode wird dabei gelegentlich der volle Modul-Nennstrom von 0,38 A fließen.

Die Leistung, die die Zenerdiode in Wärme umwandeln muss, errechnen wir einfach durch Multiplizieren der Differenzspannung von **1,1 V** mit dem Strom von **0,38 A**. Das geht mit einem Taschenrechner blitzschnell: Es sind **0,418 W**. Unsere 1-W-Zenerdiode wird diese Leistung problemlos verkraften und – wie vorgesehen – als Wärme „entsorgen".

Wenn zwei Zenerdioden in Reihe geschaltet sind, teilen sie sich die Leistung. So können z. B. die beiden in *Abb. 2.16 f* eingezeichneten Zenerdioden *ZPY 4,3 V* die für eine Leistung von 1 W pro Diode ausgelegt sind, als eine einzige 2-W-Zenerdiode mit einer Zenerspannung von 8,6 V (2 × 4,3 V) betrachtet werden.

2.8 Solarbetriebene Elektrowerkzeuge und Geräte

digeren Erklärung, aber in der Praxis können wir einfach davon ausgehen, dass die Ladespannung ca. 20 % höher liegen soll als die Nennspannung des geladenen NiCd-Akkus bzw. der in Reihe geschalteten Glieder. *Abb. 2.17* verdeutlicht die Höchstgrenzen der Ladespannung entsprechend den jeweiligen Nennspannungen dieser Energie-Zwischenspeicher.

Viele batteriebetriebene Kleingeräte – wie z. B. Alarm- und Sicherheitsgeräte – lassen sich leicht mit einigen zusätzlichen kleinen Solarzellen nachrüsten, die entweder anstelle der Batterien als sonnenscheinabhängige Energiequellen oder nur für das Nachladen der bestehenden kleinen Akkus oder Speicherkondensatoren (Gold-Caps) verwendet werden.

Dem Bastler stehen zu diesem Zweck sowohl *nicht gekapselte (kahle)* als auch *gekapselte* Solarzellen und Solar-Minipaneele zur Verfügung.

Gekapselte Solarzellen sind nach *Abb. 2.18* ähnlich ausgeführt wie kleine Solarmodule, in denen jeweils nur eine einzige Solarzelle untergebracht ist. Somit entspricht die *Nennspannung* dieser gekapselten Zellen der gängigen Nennspannung normaler kristalliner Zellen (meistens zwischen ca. 0,45 und 0,46 V). Abhängig von der Modulgröße liegt der *Nennstrom* zwischen ca. 0,1 A (bei einer Modulfläche von 46 × 26 mm) und 0,7 A (bei Modulabmessungen von 96 × 66 mm).

Diese gekapselten Zellen können – ähnlich wie nicht gekapselte Solarzellen – beliebig zu Ketten oder Flächen verschaltet werden, um die benötigten elektrischen Nennwerte zu erhalten.

Gekapselte Solar-Minipaneele unterscheiden sich optisch nicht von gekapselten Solarzellen nach *Abb. 2.18*, beinhalten aber mehrere Solarzellen und sind für eine höhere Spannung ausgelegt. Im Prinzip handelt es sich hier um kleine Solarmodule, die sowohl miteinander als auch mit gekapselten Einzelzellen verschaltet werden können, um die benötigte Spannung bzw. Leistung zu erhalten.

Für den Modell- oder Spielzeugbau können auch „kahle" Solarzellen *(Abb. 2.19)* – ähnlich wie Batterien – seriell, parallel oder auch kombiniert (seriell-parallel) verschaltet und für die ersten Experimente eventuell zum Schutz mit einem dünnen Plexiglas abgedeckt wer-

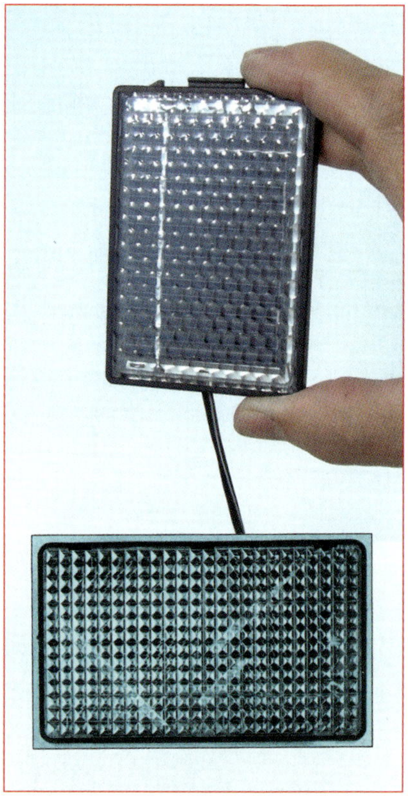

Abb. 2.18 – Gekapselte Solarzellen oder Minipaneele sind in verschiedenen Größen und mit verschiedenen Nennspannungen und Nennleistungen erhältlich.

2.8 Solarbetriebene Elektrowerkzeuge und Geräte

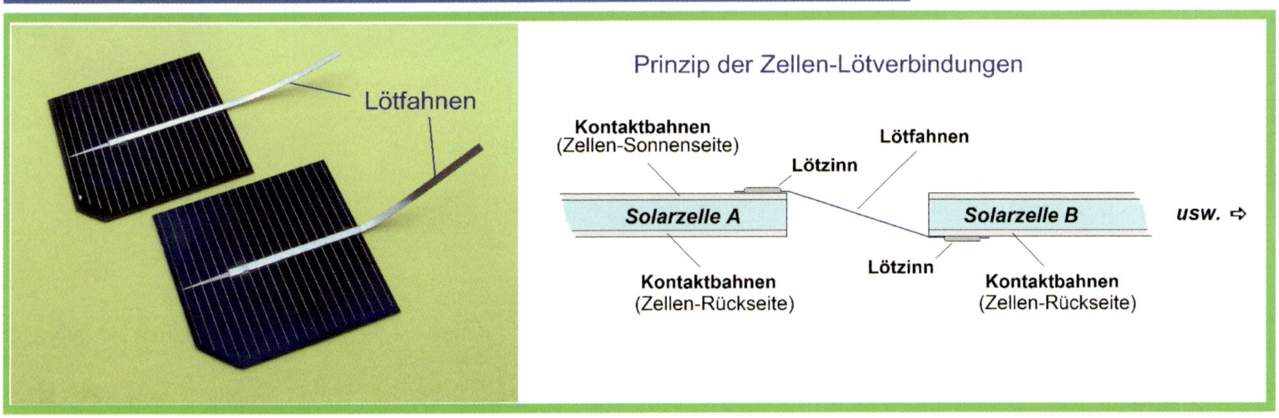

Abb. 2.19 – Kahle Solarzellen können z. B. für das Nachladen von kleineren Akkus oder Speicherkondensatoren auch unvergossen zu Mini-Solargeneratoren zusammengelötet werden.

2.8 Solarbetriebene Elektrowerkzeuge und Geräte

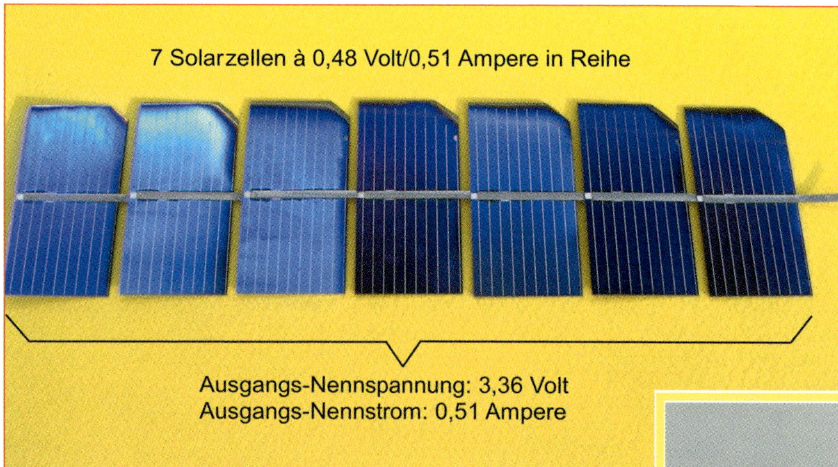

Abb. 2.20 – Die gewünschte Solarspannung wird einfach durch die passende Anzahl der Zellen in der Kette, der benötigte Solarstrom durch die Größe der Zellen bestimmt.

den. Wenn solche kahlen Solarzellen stärker belastet werden, heizen sie sich jedoch zu sehr auf. Eine technisch günstigere Lösung ist es, solche Zellen an ihrer Rückseite wärmeleitend in Silikon (z. B. in transparentes Bau- oder Fugensilikon) einzubetten. Die „Sonnenseite" der Zellen darf dabei jedoch nicht verschmiert werden. Da eine echte Gussmasse für die Zellensonnenseite im Einzelhandel nicht erhältlich ist, sollte diese Zellenseite einfach unvergossen bleiben. Ein durchsichtiger Schutz (Glas, Plexiglas o. Ä.) der Sonnenseite ist unter Umständen günstig, sollte jedoch die Zelle nicht luftdicht abschließen, da sie ansonsten im Freien mit Vorliebe beschlägt und lichtundurchlässig wird.

Abb. 2.21 – Ausführungsbeispiel der Zellenoberfläche, die bei herkömmlichen kristallinen Zellen an beiden Seiten mit leitenden verzinnten Kupferbahnen versehen ist.

2.8 Solarbetriebene Elektrowerkzeuge und Geräte

Manche Kleingeräte, zu denen auch diverse Alarmgeber (Mini-Sirenen oder Piepser) gehören, werden als Einbruchschutz oder Warnung beim Campen nur sehr selten bzw. nur „unter Umständen" beansprucht und benötigen keinen zu großen Energiespeicher. Zudem sind viele solcher Mini-Sirenen oder auch Sound-Module für eine breite Versorgungsspannung ausgelegt (z. B. von 2,5 bis 9 V). In solchen Fällen kann, anstelle eines Akkus, ein Speicherkondensator (Gold-Cap) nach *Abb. 2.22* verwendet werden. Zum Nachladen bzw. zur Aufrechterhaltung der gespeicherten elektrischen Energie genügen oft sehr kleine Solarzellen, die z. B. auch aus ausrangierten Solar-Taschenrechnern demontiert werden können.

Die Abstimmung einer Mini-Sirene bzw. eines *Piezo-Elektronik-Schallwandlers* auf die Kapazität des Kondensators (oder auch umgekehrt) muss allerdings „projektbezogen" erfolgen. Bei unseren Experimenten zu diesem Buch reichte die gespeicherte Energie des auf 5 V aufgeladenen 1-F-/5,5-V-Gold-Caps für etwa

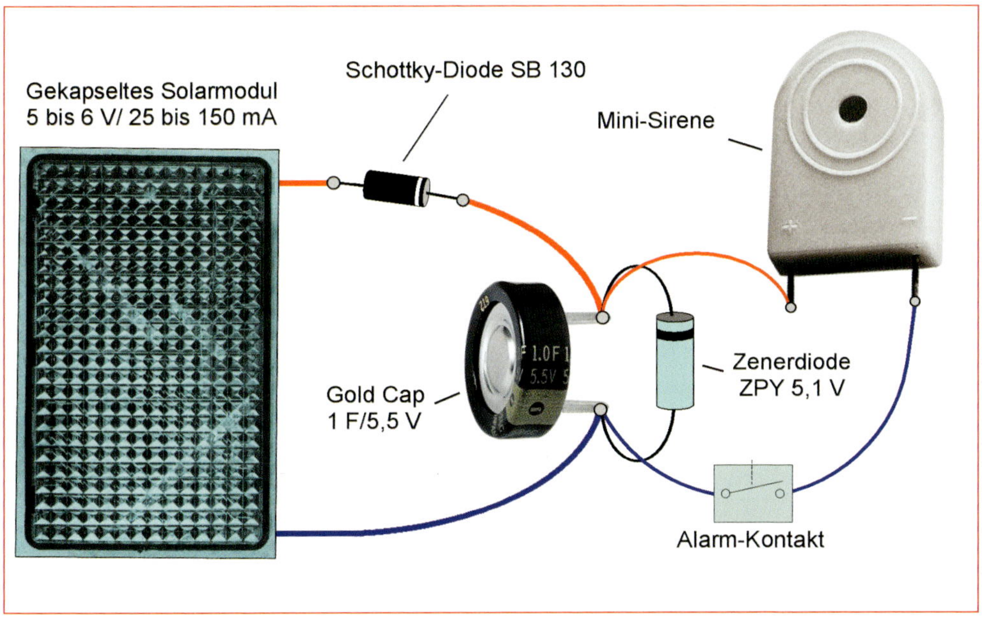

Abb. 2.22 – Als Energiespeicher für Mini-Alarmgeber eignen sich hervorragend kleine Gold-Caps, die als Speicherkondensatoren ausreichend viel Energie vorrätig halten, um z. B. eine Mini-Alarmsirene mit Strom versorgen zu können: Die Speicherkapazität kann hier durch paralleles Verschalten zweier oder mehrerer dieser Gold-Caps erhöht werden.

2.8 Solarbetriebene Elektrowerkzeuge und Geräte

20 kurze Alarmsignale aus. Ein Voice-Modul (von Conrad Electronic) konnte mit einer Gold-Cap-Ladung den aufgenommenen Hilferuf bis zu 25 Mal über einen Lautsprecher wiederholen.

Die in *Abb. 2.22* eingezeichnete Zenerdiode schützt den Gold-Cap vor einer zu hohen Spannung, indem sie maximal eine Spannung durchlässt, die der Zenerspannung entspricht. Die eingezeichnete Schottkydiode schützt den Gold-Cap davor, sich über das Solarmodul zu entladen – was automatisch passieren würde, sobald die Spannung des Solarmoduls niedriger wird als die Spannung, auf die der Gold-Cap aufgeladen ist.

Nach Bedarf kann die gespeicherte Spannung eines Gold-Cap-Speichers durch serielle Verschaltung von zwei Gold-Caps nach *Abb. 2.23* verdoppelt werden. Auch hier schützt die Zenerdiode das Gold-Cap-Duo vor gefährlicher Überspannung.

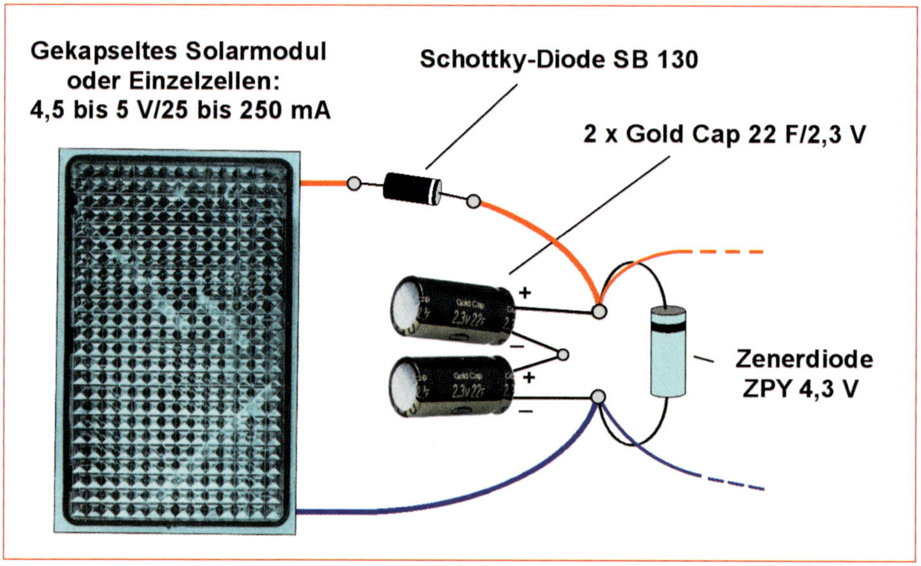

Abb. 2.23 – Zwei in Reihe geschaltete 22-F-/2,3-V-Gold-Caps ergeben einen Speicherkondensator von 11 F [Farad] und 4,6 V (die Kapazität halbiert sich, die gespeicherte Spannung verdoppelt sich).

2.9 Boote mit Solarantrieb

Boote verfügen im Allgemeinen über viel Platz für Solarzellen. Nicht nur kleine Spielzeug-Boote, sondern auch größere Boote oder andere schwimmende Objekte können mit Hilfe von Gleichstrommotoren solarelektrisch betrieben werden. Die Solarzellen können dann z. B. nach *Abb. 2.24* und *2.25* entweder auf den Bootskörper oder auf einem dazu erstellten Dach angebracht werden (das eventuell auch auf ein Schlauchboot montiert werden kann).

Für derartige Vorhaben gibt es auch kleine handelsübliche Gleichstrom-Motorantriebe (bzw. Elektro-Außenbordmotoren). In einigen dieser Antriebe ist auch ein Akku eingebaut, dessen Kapazität für eine gewisse Betriebsdauer (von z. B. einer Stunde) ausreicht. Andere benötigen einen größeren Akku, der separat im Boot unterzubringen ist. Wenn ein solcher Akku laufend von einem Solarmodul nachgeladen wird, kann die Betriebsdauer des Motors, insbesondere eines kleineren Elektromotors, erheblich verlängert werden.

Ein Direktantrieb durch Solarzellen kann bei einer ausreichend großen Solarzellenfläche an einem sonnigen Tag sehr praktisch sein. Ein rein solarbetriebenes Boot wird allerdings nicht zu einem Rennboot, sondern eher zu einem „Schleichboot" (oder zu einer langsam schwimmenden „Sonnenbank") – was für den Spaß an einer so laut- und mühelosen Fortbewegung genügt.

Die Leistungen der kleineren Schiffsmotoren bzw. der Gleichstrommotoren, die sich für diese Zwecke eignen, liegen zwischen ca. 150 und 500 W; sie sind meistens für eine 6- oder 12-V-Gleichspannung ausgelegt.

Die für einen Direktantrieb benötigte Solarzellenfläche fällt relativ groß aus. Ausgehend davon, dass bei optimaler Sonnenbestrahlung die energetische Ausbeute bei ca. 120 bis 140 W/m² Solarfläche liegt, würde auch ein kleiner 150-W-Motor eine Solarzellenfläche von mehr als 1 m² benötigen. Bei einem

Abb. 2.24 – Der Solar-Katamaran der Firma Schöne in Überlingen ist eine Kombination von Tret- und Elektroboot: Als Elektroboot kann es an einem sonnigen Tag bis zu neun Stunden lang auf einem See fahren *(Foto AEG)*.

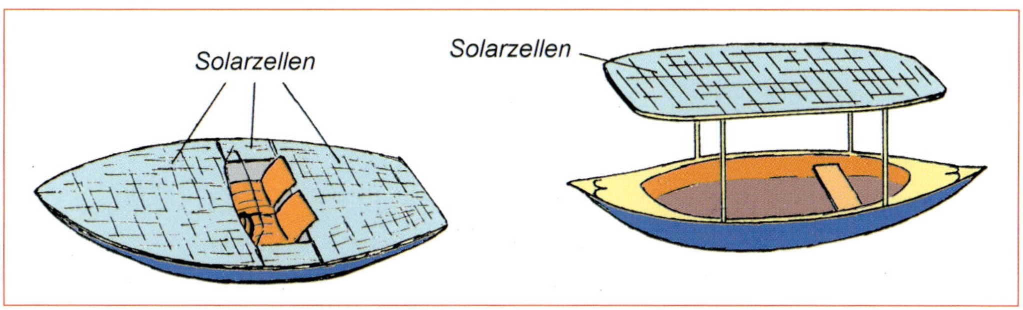

Abb. 2.25 – Boote bieten wesentlich mehr Platz für Solarzellen als Autos ...

2.9 Boote mit Solarantrieb

300-W-Motor wäre es eventuell eine doppelt so große Fläche.

Das Wort „eventuell" hat dabei folgende Berechtigung: Ein Gleichstrommotor arbeitet auch bei einer wesentlich niedrigeren Spannung, als seiner offiziellen Nennspannung entsprechen würde (der Strombedarf passt sich dann der Unterspannung an). Wenn also ein solarbetriebenes Wasserfahrzeug mit einer etwas zu klein geratenen Solarzellenfläche ausgestattet wird, fährt es entsprechend langsamer – aber es fährt.

Für Eigenbau-Konstruktionen eignen sich als Elektromotoren einige der kräftigeren Akkuschrauber, die z. B. für eine Spannung von 12 bis 18 V ausgelegt sind. Ein solches Antriebssystem kann wahlweise entweder nur mit einer direkten Stromversorgung arbeiten oder einen Akku als Zwischenspeicher nutzen.

Bei den meisten Projekten dieser Art wird es sich wohl nicht um seriöse Nutzfahrzeuge, sondern eher um „Spaßfahrzeuge" oder spielzeugartige Fortbewegungsmittel handeln, die nicht für das Meer, sondern für einen Teich oder einen ruhigen Flussarm vorgesehen sind.

Art und Größe derartiger Wasserfahrzeuge können sich dem Anwendungszweck flexibel unterordnen, wobei der Einfallsreichtum und die Handfertigkeit des Erbauers für die Lösung maßgeblich sind.

Sofern bei diesem Vorhaben die Solar-Betriebsspannung ca. 24 V nicht überschreitet, besteht kein Sicherheitsrisiko in Hinsicht auf einen Stromschlag. Wenn der mechanische Teil des Antriebssystems im Eigenbau ausgetüftelt und erstellt wird, muss darauf geachtet werden, dass alle beweglichen Teile gut abgedeckt sind, um keinen Unfall zu verursachen.

Konkrete Selbstbauvorschläge würden den Umfang dieses Buchs sprengen und wären nur bedingt umsetzbar. Wer über eine eigene Drehmaschine verfügt, kann eine wesentlich aufwendigere (und professionellere) Konstruktion erstellen als jemand, der sich unter den gängigen Fertigbauteilen aus dem Modellbau oder der Fahrzeug- und Antriebstechnik das Passende zusammensuchen muss. Zu den Bezugsquellen für elektrische Wasserantriebssysteme gehören u. a. Sportgeschäfte mit Taucherausrüstung.

3 Solarstromnutzung beim Campen

Unter den Begriff „Campen" fallen mehrere Arten der Freizeitgestaltung im Außenbereich: Am Flussufer, im Wald oder auf dem Freizeitgrundstück zu picknicken, im Freien oder auf einem Campingplatz zu zelten oder mit einem Caravan oder Reisemobil länger durch die Gegend „umherzustreunen".

Viele der konkreten Möglichkeiten der Solarstromversorgung, die auch beim Campen zum Einsatz kommen können, wurden bereits bzw. werden im Zusammenhang mit anderen Anwendungsbeispielen noch beschrieben. Dieses Kapitel befasst sich daher vor allem mit der Solarstromnutzung beim Campen allgemeiner Art – wie etwa beim Zelten.

3.1 Heizen mit Solarstrom

Vor allem beim Zelten kann es während der kühleren Jahreszeit oder im Hochgebirge nachts unangenehm kalt werden. Hier ist manchmal ein kleines elektrisches Heizkissen – das bereits im ersten Kapitel angesprochen wurde – sehr hilfreich. Mit der Solarstromversorgung klappt es dabei allerdings nur auf die Art, dass tagsüber ein kleiner Akku mit Solarstrom geladen wird, der entweder für die Energieversorgung von mehreren Verbrauchern oder nur für ein oder zwei Heizkissen zuständig ist.

Die Dimensionierung einer solchen Mini-Solaranlage dürfte sicher auch von der Art des Fortbewegungsmittels abhängen, das die Batterie und das Solarmodul zu transportieren hat. Wer mit einem Auto fährt, braucht sich nicht zu sehr einzuschränken. Wer dagegen einen Akku mit einem Fahrrad oder Motorrad transportieren muss, wird gesteigerten Wert darauf legen, dass der ganze Spaß die zumutbaren Grenzen nicht überschreitet.

In diesem Fall dürfte ein kleiner 12-V-/5-Ah-Bleiakku wegen seines geringen Gewichts (ca. 1,5 kg) in der Regel sehr gute Dienste leisten. Er würde ein kleines Heizkissen lange genug warm halten und eine Unterkühlung verhindern. Was „lange genug" ist, hängt natürlich vom Wetter ab.

Wir sehen uns daher die Sache erst von der Seite der Energiekapazität an: Erfahrungsgemäß kann bereits ein 12-V-/20-W-Heizkissen einen ausreichenden Beitrag dazu leisten, dass der Körper (in einem Schlafsack) genügend unterstützende Wärme erhält. 20 W geteilt durch 12 V ergeben eine Stromabnahme von 1,67 A. Unser 5-Ah-Akku könnte das Heizkissen somit etwa drei Stunden lang mit Strom versorgen (5 Ah : 1,67 A = 2,99 Stunden). In der Praxis wird der Tiefentladeschutz das Heizkissen vielleicht etwas eher abschalten, aber der Unterschied dürfte bei einem gut aufgeladenen Akku im erträglichen Rahmen bleiben. Als Nächstes stellt sich die Frage des Nachladens:

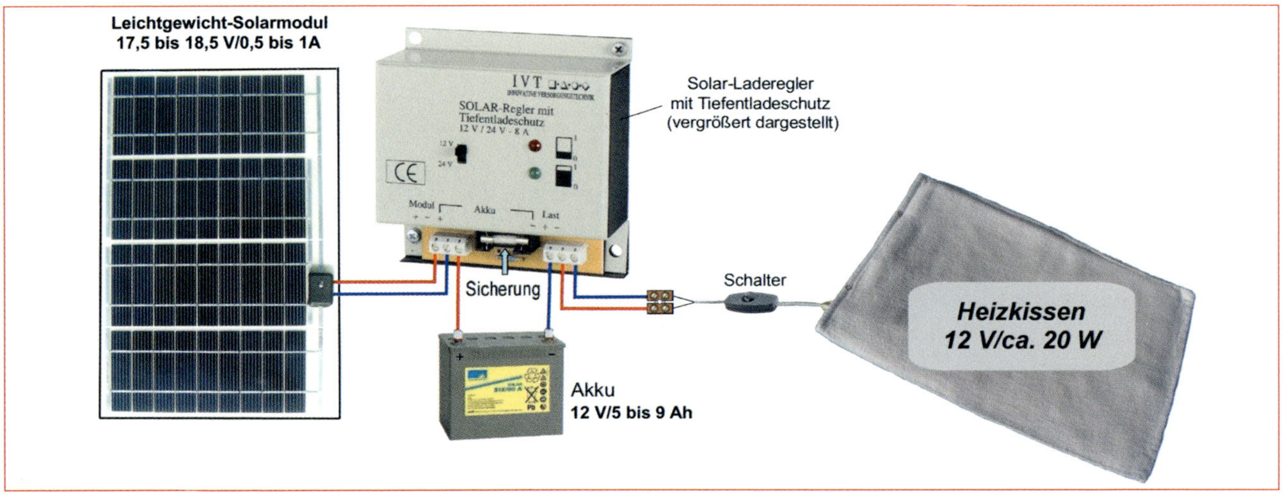

Abb. 3.1 – Anordnung der Bausteine einer Mini-Solaranlage für die Solarstromversorgung eines oder auch mehrerer elektrischen Heizkissen bzw. anderer Geräte, die an den Akku (über den Tiefentladeschutz) angeschlossen werden.

3.1 Heizen mit Solarstrom

Ein 5-Ah-Akku darf maximal mit einem Ladestrom von 0,5 A (10 % seiner Kapazität) geladen werden. Bei Berücksichtigung der zusätzlichen 20 % für Ladeverluste erhöht sich der Nachladebedarf von 5 Ah auf 6 Ah. Der Akku müsste demnach mindestens zwölf Stunden lang mit einem Strom von 0,5 A geladen werden, um wieder auf seine volle Kapazität aufgeladen zu werden. Wir wissen inzwischen, dass ein Akku in der Lade-Endphase nicht mehr den vollen Ladestrom, sondern einen geringeren Strom bezieht. Dadurch verlängert sich die Nachlade-Zeitspanne möglicherweise auf ca. 15 bis 16 Stunden. Das ist aber unter Umständen so lange, wie die Sonne pro Tag scheint.

Was nun? Im einfachsten Fall kann man sich damit zufrieden geben, dass der 5-Ah-Akku nur soweit nachgeladen wird, wie es das Wetter ermöglicht. An einem sonnigen Tag könnte man den Akku bei etwas Glück ca. zehn bis zwölf Stunden lang laden.

Während der ersten acht bis neun Stunden befindet sich der leere Akku noch in der „Durstphase", bei der er mit Hilfe des Ladereglers fast den vollen Ladestrom von 0,5 A bezieht. Das hieße, dass der Akku während dieser Zeitspanne auf eine Kapazität von ca. 3 Ah nachgeladen wird – vorausgesetzt, die Sonne scheint tagsüber ununterbrochen und ausreichend kräftig.

Rechnerisch ergibt sich daraus (in vereinfachter Form) eine Ladung von 8 Std. × 0,5 A (= 4 Ah), wovon durch Ladeverluste 20 % verloren gehen. Das ergibt 3,2 Ah, die wir auf 3 Ah abrunden (es handelt sich ja nur um einen Ladestrom von *fast* 0,5 A).

Diese nachgeladene Akku-Kapazität würde allerdings während der nächsten Nacht das 20-W-Heizkissen nicht mehr drei, sondern nur noch etwa 1,8 Stunden lang mit Strom versorgen können (3 Ah : 1,67 A ≈ 1,8 Std.). Dasselbe dürfte dann auch für alle darauf folgenden Tage und Nächte gelten – vorausgesetzt, das Wetter zeigt sich kooperativ.

Wir haben dieses nicht gerade anwenderfreundliche Beispiel gezielt deshalb gewählt, weil sich hier eine interessante Lösungsalternative gegenüberstellen lässt:

Man nehme für dasselbe Anliegen anstelle des 12-V-/5-Ah-Akkus einen 12-V-/9-Ah-Akku. Wenn hier dasselbe 20-W-/1,67-A-Heizkissen drei Stunden lang vom Akku versorgt wird, verbraucht es ebenfalls ca. 5 Ah der Akku-Kapazität. Ein 9-Ah-Akku darf jedoch mit einem Ladestrom von 0,9 A geladen werden (10 % der Akku-Kapazität). Wenn hier das Solarmodul entsprechend dimensioniert wird (z. B. als 18-V-/0,9-A-Modul), kann die vom Heizkissen verbrauchte Kapazität bei schönem Wetter bereits innerhalb von ca. 6,7 Stunden voll nachgeladen werden (6,7 Std. × 0,9 Ah = 6 Ah). In den 6 Ah sind auch die 20 % Ladeverluste einbezogen.

Dieser Trick mit der großzügigeren Dimensionierung der Akku-Kapazität hat bei der Solaranlagen-Planung allgemeine Gültigkeit. Wir haben bei dieser Anwendung die Tatsache berücksichtigt, dass der Akku eventuell mit einem Fahrrad oder Motorrad transportiert wird und daher weder zu groß noch zu schwer sein darf (ein 9-Ah-Akku wiegt immerhin ca. 2,4 kg). Wenn ein solcher Akku einfach im Auto mitgenommen werden kann, braucht man bei der Dimensionierung nicht so knauserig zu sein. Dann könnte z. B. ein noch größerer Akku das Heizkissen sogar während mehrerer regnerischer Tage mit Strom versorgen und erst an einem darauffolgenden sonnigen Tag wieder nachgeladen werden.

Aus diesen Überlegungen geht hervor, dass die Dimensionierung einer solarelektrischen Stromversorgung ziemlich viel Spielraum bietet. Dabei kommt es verständlicherweise auch darauf an, wie viele Tage (bzw. Nächte) das Campen dauern soll oder welche Ansprüche an die Solarheizung gestellt werden. Es kann ja sein, dass mehrere Heizkissen betrieben werden sollen oder dass eine andere Betriebszeitspanne vorgesehen ist.

3.2 Nutzungsmöglichkeiten der Autobatterie

Bei allen diesen Überlegungen ist zu berücksichtigen, dass die Kapazität der Autobatterien kleinerer Personenautos oft nur bei 36 bis 40 Ah liegt. Die Batteriekapazität ist auf den Automotor so abgestimmt, dass sie ihre Aufgabe auch in einem halb geladenen Zustand und unter ungünstigen Bedingungen (Frost, Feuchtigkeit, alte Zündkerzen) meistert. Darunter ist zu verstehen, dass der Fahrzeugmotor immerhin noch mindestens fünfmal nacheinander (mit jeweils zehn Sekunden Pause) angelassen werden kann, bevor die Restkapazität einer intakten Autobatterie erschöpft ist.

Beim Campen hängt die Kapazität der Autobatterie am Campingplatz auch davon ab, wie gut die Batterie bereits vor der Fahrt zu Hause oder während der Anfahrt von der Lichtmaschine nachgeladen werden konnte. Wenn während der letzten Fahrt Autolichter, Scheibenwischer und Musikanlage voll eingesetzt wurden, konnte die Lichtmaschine die Autobatterie wahrscheinlich nur sehr geringfügig nachladen. Und falls dabei auch noch der Anlasser oft betätigt wurde, wird die Autobatterie wahrscheinlich nicht einmal mehr einen zusätzlichen Wasserkocher verkraften können.

In solchen Fällen erweist sich ein kleines Solarmodul als sehr praktisch, das z. B. auf dem Autodach montiert bzw. aufgeklebt wird und sowohl die Autobatterie als auch eventuell noch eine Zweitbatterie (z. B. eine preiswerte 12-V-/36-Ah-Autobatterie) mehr oder weniger ständig nachladen kann.

Die Dimensionierung des Solarmoduls hängt auch hier davon ab, wie man die Wetterbedingungen während der Anwendungsperiode einschätzt. Der Ladestrom einer 36-Ah-Autobatterie (bzw. eines anderen vergleichbar großen Bleiakkus) darf maximal 3,6 A betragen. Damit ist die Höchstgrenze des Solarzellen-Nennstroms festgelegt. Die Solarspannung sollte bei ca. 17 V (im Sommer) bis 20 V (für die trübere Jahreszeit) liegen.

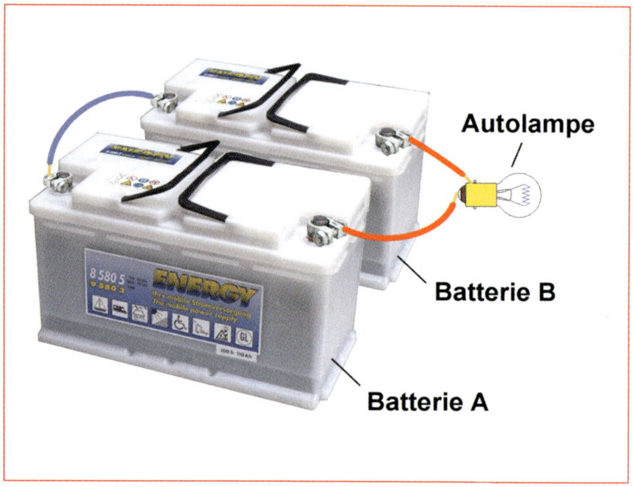

Abb. 3.2 – Eine Zweitbatterie sollte vor dem Anschluss an die bestehende Autobatterie gut aufgeladen werden und danach zunächst ihr Pluspol über eine Autolampe für einige Stunden mit dem Pluspol der Autobatterie verbunden werden, um einen Spannungsausgleich der beiden Batterien zu erzielen. Erst anschließend dürfen beide Batterien leitend miteinander verbunden werden *(Foto/Anbieter: Westfalia)*.

Hinweis

Einige Anbieter kleiner Solarmodule für das Nachladen von Autobatterien empfehlen, dass dies über den Zigarettenanzünder erfolgen kann. Bei manchen Fahrzeugen wird jedoch dieser Anschluss beim Herausnehmen des Zündschlüssels abgeschaltet. Daher ist es von Vorteil, wenn das Solarmodul direkt (z. B. über eine zusätzlich angebrachte, umpolungssichere Steckverbindung) mit der Autobatterie oder Zweitbatterie verbunden wird.

3.2 Nutzungsmöglichkeiten der Autobatterie

Ein angemessen großes Solarmodul, das z. B. nach *Abb. 3.3* direkt auf das Fahrzeugdach aufgeklebt wird, kann unter optimalen Wetterbedingungen ein kräftiges Nachladen der Batterie(n) ermöglichen. Wenn man zudem tagsüber mit dem Auto umherfährt, wobei die Lichtmaschine die Autobatterie etwas nachlädt, genügt oft ein bescheidenes zusätzliches solarelektrisches Nachladen. Das Solarmodul kann dann relativ klein sein. Der optimale Nennstrom des Solarmoduls ergibt sich aus dem Nachladebedarf eines eventuellen Zweitakkus. Der Nachladebedarf wurde bereits an diversen Beispielen erklärt.

Abb. 3.3 – Ein flexibles Solarmodul kann auf das Fahrzeugdach einfach aufgeklebt werden *(Foto: AEG)*.

Hinweis

Alle zusätzlichen elektrischen Verbraucher dürfen im Caravan oder Reisemobil nach *Abb. 3.4* nur über einen Tiefentladeschutz an die beiden Batterien angeschlossen werden. Wird zu diesem Zweck ein Solar-Laderegler mit integriertem Tiefentladeschutz verwendet, ist darauf zu achten, dass das Gerät den vorgesehenen *Laststrom* (Abnahmestrom) verkraftet. Viele dieser Geräte sind für einen Laststrom von bis zu etwa 30 A ausgelegt. Bei einer 12-V-Versorgungsspannung ergibt sich daraus eine Leistungsabnahme von bis zu 360 W.

3.2 Nutzungsmöglichkeiten der Autobatterie

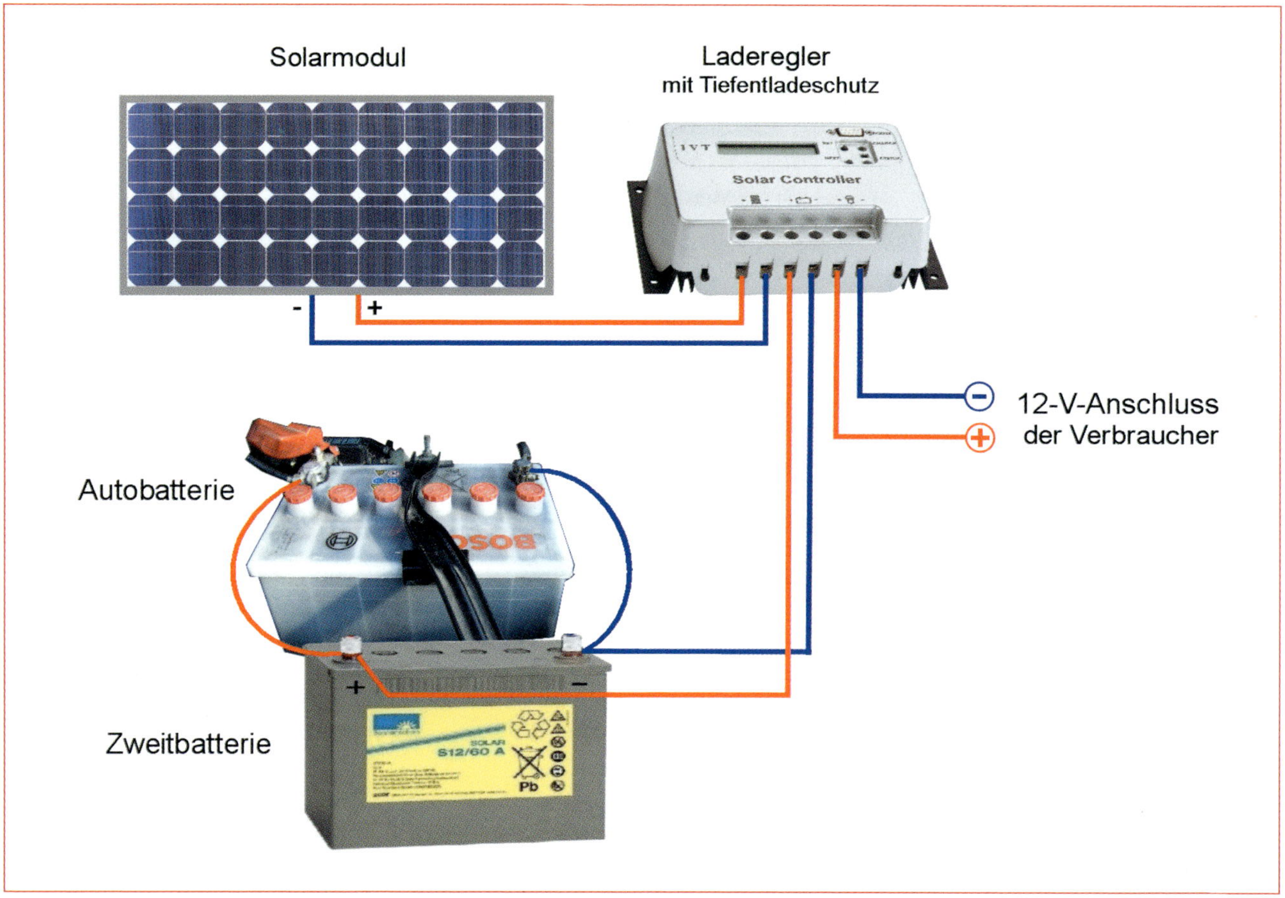

Abb. 3.4 – Der Anschluss des Solarmoduls an die Autobatterie und die Zweitbatterie erfolgt über einen Laderegler, in dem ein Tiefentladeschutz integriert ist, der die Autobatterie vor zu tiefer Entladung schützt.

4 Solarstromnutzung im Caravan und Reisemobil

4 Solarstromnutzung im Caravan und Reisemobil

Im Caravan oder Reisemobil kann die Anzahl der elektrischen Verbraucher unter Umständen sehr groß sein: Leuchtkörper, Kühlschrank, Klimagerät, Umluftgebläse, Audio- und Videogeräte, Navigationssystem, Mikrowelle, Elektrogrill, Wasser-/Kaffeekocher, elektrisch ausfahrbare Einstiegstufe, elektrisch verstellbare und beheizbare Spiegel, Staubsauger, Rückfahrtkamera, Computer, Alarmanlage, elektrischer Warmwasserbehälter für die Dusche bzw. für eine kleine Badewanne usw.

Einige der hier aufgeführten Verbraucher gehören zwar nur in Caravans und Reisemobilen gehobener Preisklassen zum Inventar, aber sie kommen vor und sollten zumindest teilweise auch dann funktionieren, wenn kein Netzanschluss zur Verfügung steht.

In der Grundausstattung eines Caravans ist meist keine eigene Bordbatterie enthalten, sie kann aber bei Bedarf leicht untergebracht werden. Eine zusätzliche Bordbatterie erweist sich als sehr praktisch, wenn längere Strecken gefahren werden und wenn eine solche Fortbewegung ohne Stress verlaufen soll.

Verlangt der Kunde beim Kauf eines Caravans eine Bordbatterie, wird ihm oft eine Autobatterie mit einer Kapazität von ca. 90 bis 120 Ah empfohlen. Das ist eine relativ niedrige Kapazität, die nur für eine bescheidene Stromversorgung von wenigen elektrischen Verbrauchern ausreicht. Was die optimale Batteriekapazität ist, hängt von den geplanten Reiserouten, der Reisedauer und dem Bedarf an etwas mehr Bequemlichkeit ab.

Die Batterie – bzw. ihre Kapazität – muss dann groß genug gewählt werden, um auch bei trübem Wetter einige Tage lang die notwendigsten Verbraucher mit Strom versorgen zu können.

Die meisten Reisemobile verfügen bereits über eigene Bordbatterien, die zumindest zum Teil direkt vom Fahrzeugmotor geladen werden. Größere Caravans oder Reisemobile sind sogar mit einem zusätzlichen elektrischen Benzin- oder Dieselgenerator ausgerüstet, der für die Bordelektrik zuständig ist – an sich eine

Abb. 4.1 – Zwei Solarmodule auf dem Caravan-Dach ermöglichen unter günstigen Wetterbedingungen ein ständiges Nachladen der Bordbatterie mit einem Ladestrom von bis zu etwa 10 A auch während der Fahrt (Foto: AEG).

Abb. 4.2 – Ein größeres Solarmodul kann während des Campens auch frei aufgestellt werden, um die Bordbatterie mit einem Strom von bis zu etwa 7 A nachzuladen (Foto: AEG).

feine Sache – die Lärm- und Gestankentwicklung beschränkt aber die Nutzung an Standorten mit mehreren Teilnehmern. Abgesehen davon ist der benötigte Treibstoff auch nicht kostenlos ... Hier können Solarmodule hervorragende Dienste leisten.

Eine Lösung nach *Abb. 4.3*, bei der gleich vier Solarmodule auf dem Reisemobildach installiert sind, ermöglicht das kräftige Nachladen einer großen Bordbatterie. Wegen des hohen Ladestroms von bis zu 30 A müsste die Bordbatterie eine Kapazität von mindestens 300 Ah haben – es sei denn, ein Teil der Solarenergie wird z. B. für den Direktantrieb einer Klimaanlage oder anderer Verbraucher genutzt.

Bei vielen Caravans weist die Batterie eine ziemlich niedrige Kapazität (oft nur zwischen ca. 90 und 120 Ah) auf. Damit lässt sich in der Praxis nicht allzu viel anfangen. Auf vielen westeuropäischen Campingplätzen steht zwar ein elektrischer Netzanschluss zur Verfügung – allerdings nicht an allen und manchmal mit Wucher-Strompreisen verbunden. Zudem hat man keinen Stromanschluss während der Anfahrt, die oft einen respektablen Teil des Urlaubs in Anspruch nimmt.

Abgesehen davon ist es nicht jedermanns Sache, den ganzen Urlaub auf einem einzigen Campingplatz zu verbringen. Wer mehr herumfährt, wird in der Regel eine eigene, unabhängige und leistungsfähige Stromversorgung besonders begrüßen.

Als Erstes stellt sich hier die Frage der optimalen Kapazität der zusätzlichen Batterie, die für den Wohnkomfort zuständig ist. Soweit es sich um eine Zweitbatterie handelt, kann diese zum Teil von der Pkw- bzw. Reisemobil-Lichtmaschine geladen werden, vor allem dann, wenn die eigentliche Autobatterie während einer Fahrt am helllichten Tag nur zum Anlassen des Motors benötigt wird und daher nur geringfügig nachgeladen werden muss. Somit kann fast die volle Leistung der Lichtmaschine zum Nachladen der Zweitbatterie genutzt werden. Vor dem Start in den Urlaub sollten beiden Batterien mit einem Ladegerät geladen werden.

Ein Solarmodul auf dem Auto- bzw. Caravandach erweist sich u. a. in einem Stau als sehr praktisch. Die Batterien können dann diverse stromfressende Verbraucher (Kühlbox, beheizte Autositz-Bezüge, Kaffeekocher, Unterhaltungselektronik) betreuen.

Solarmodule stellen zwar eine Energiequelle dar, auf die nur bei sonnigem Wetter zugegriffen werden kann, sind aber in der Praxis dennoch sehr vorteilhaft, da meistens bei sonnigem Wetter mehr gefahren wird als bei regnerischem oder trübem Wetter. Abgesehen davon kann eine angemessen große Bordbatterie viel Energie auf Vorrat speichern. Den Stromverbrauch passt man dann einfach etwas gezielter an die Wetterbedingungen an. Zudem wird z. B. elektrische Lüftung oder Kühlung ohnehin nur an warmen, sonnigen Tagen benötigt. Hier kann die Sonne über die Solarzellen den Raum kühlen (bzw. kühlen helfen), den sie durch die Wände des Fahrzeuges zu sehr aufgeheizt hat.

Abb. 4.3 – Eine großzügig dimensionierte Solarzellenfläche ermöglicht das kräftige Nachladen einer ebenfalls großzügig dimensionierten Bordbatterie: Die vier Solarmodule auf dem Reisemobil-Dach ermöglichen das Nachladen der Bordbatterie auch während der Fahrt *(Foto: AEG)*.

4.1 Kühlen und Lüften mit Solarstrom

Kühlen und Lüften mit Solarstrom hat den großen Vorteil, dass der Bedarf umso größer ist, je kräftiger die Sonne scheint.

Unter solchen Bedingungen kann der Solarstrom oft ohne Zwischenspeicherung direkt zum Betreiben von Kühlgeräten oder Lüftern genutzt werden – dies allerdings zeitlich beschränkt, da an so manchen heißen Tagen die Hitze bis Mitternacht anhält. In diesem Fall ist es von Vorteil, wenn die Solaranlage so konzipiert ist, dass sie wahlweise sowohl für den Direktbetrieb der vorgesehenen Geräte als auch zum Nachladen des Bordakkus verwendet werden kann.

Theoretisch klingt das Ganze vernünftig, praktisch lässt es sich auch verwirklichen, kostet jedoch eine Menge Geld – leider. Es macht aber wohl wenig Sinn, wenn man mit einem Caravan oder Reisemobil durch die Gegend fährt, um Spaß am Leben zu haben, und dabei unter der Hitze leidet.

Die eigentliche Solarstromversorgung kann bei derartigen Fahrzeugen auf dem Fahrzeugdach sehr großzügig angelegt werden. Die Solarleistung lässt sich in diesem Fall ausreichend groß dimensionieren, um einige der Verbraucher auch direkt betreiben zu können.

Die Summe des Strom- bzw. Energiebedarfs ergibt sich auch hier einfach aus der Stromabnahme der einzelnen Verbraucher, die betrieben werden sollen.

Ventilatoren arbeiten in der Hinsicht energiesparend. Ganz anders ist es mit elektrischen Kühlgeräten bzw. Klimaanlagen – sie sind echte Stromfresser. Es gibt jedoch spezielle Solar-Kühlschränke mit einem Energieverbrauch von nur ca. 300 bis 360 Wh pro Tag. Das sind umgerechnet 25 bis 33,3 Ah an täglichem Verbrauch von der Bordbatteriekapazität. Ein Kühlschrank benötigt verständlicherweise eine kontinuierlich zur Verfügung stehende Stromversorgung. Bei einem kleineren Caravan oder Reisemobil kann eventuell anstelle eines Kühlschranks auch eine kleine Kühlbox verwendet werden. Sparen kann man hier allerdings nur Raum, denn auch eine der kleinsten tragbaren Auto-Kühlboxen verbraucht oft mehr Strom als ein vielfach größerer Solar-Kühlschrank. Das liegt bei der Kühlbox an ihrem preiswerten, aber energieverschwendenden Peltier-Kühlelement.

Abb. 4.4 – Gute Solarkühlschränke arbeiten energiesparend: Der Kompressor-Kühlschrank *Santo-Solar* von AEG verbraucht bei einem Nutzinhalt von 162 Litern nur ca. 360 Wh in 24 Stunden und beansprucht somit pro 24 Stunden umgerechnet nur etwa 30 Ah der Batteriekapazität *(Foto: AEG)*.

4.2 Heizen mit Solarstrom

Heizen mit Solarstrom ist in einem Caravan oder Reisemobil beim heutigen Stand der Technik leider nur in kleinerem Umfang realisierbar. In der Praxis kommen (während der kühleren Jahreszeit oder in kühlen Nächten) vor allem elektrische Heizkissen oder -decken zum Einsatz, die ihren Strom aus einer entsprechend dimensionierten Bordbatterie beziehen (dieses Thema wurde bereits erläutert).

Eine andere Möglichkeit bietet z. B. das Beheizen eines Innen-Sitzplatzes mithilfe von Infralampen, Infrastrahlern oder auch mit einem Kfz-Heizlüfter als Fußwärmer.

Kleine 12-V-Kfz-Heizlüfter, die nur eine Stromaufnahme von ca. 12,5 A (Leistungsaufnahme von 150 W) haben, leisten während der kühleren Jahreszeit auch tagsüber willkommene Dienste. Wenn zudem die Sonne scheint, kann ein solcher Heizlüfter den Strom direkt vom Solarmodul beziehen. Dasselbe gilt z. B. für eine Infrarotlampe (die annähernd dieselbe Aufnahmeleistung hat).

Von der Größe der zur Verfügung stehenden Solarzellenfläche hängt dann ab, wie viel Wärme auf diese Weise erzeugt werden kann. Normalerweise lässt sich die Innentemperatur im Caravan oder Reisemobil solarelektrisch zwar angenehm erhöhen, eine echte Beheizung des Innenraumes ist aber nur bedingt realisierbar. Wenn z. B. die gesamte Dachfläche eines Caravans oder Reisemobils mit Solarzellen (Solarmodulen) versehen ist, kann die Solarleistung an einem kalten, aber sonnigen Tag die Innenheizung bewältigen – allerdings nur, solange die Zellen optimal bestrahlt sind. Danach ist, im wahrsten Sinne des Wortes „der Ofen aus". Abhilfe bieten diverse zusätzliche Energiequellen – darunter auch Windgeneratoren.

Abb. 4.5 – Autositzheizkissen sind für eine Versorgungsspannung von 12 Volt ausgelegt und können daher in der Solartechnik auch anderweitig genutzt werden.

4.3 Kochen mit Solarstrom

Ähnlich wie das Heizen beschränkt sich auch das Kochen (oder Aufwärmen) mit Solarstrom auf einige einfachere Aufgabenbereiche.

Ziemlich unproblematisch sind das Kaffee- und Teewasser-Kochen und das Aufwärmen von Babynahrung, kleineren Mahlzeiten oder Wasser zum Waschen, Abwaschen und eventuell Rasieren.

Zur Vorinformation: Die kleinsten Wasserkocher sind als ca. 12-V-/125-W-Geräte ausgelegt und haben einen Wasserinhalt von etwa 0,4 Litern. Das reicht für zwei Tassen Kaffee oder Tee bzw. zum Aufwärmen von Babynahrung. Die Brühzeit beträgt hier – abhängig von der Ausgangstemperatur des verwendeten Wassers – ca. 20 Minuten (= 0,34 Stunden).

Sehen wir uns interessehalber kurz an, wie es hier mit dem Energiebedarf steht:

$$125\ \text{W} : 12\ \text{V} = 10{,}42\ \text{A}$$
$$10{,}42\ \text{A} \times 0{,}34\ \text{h} \approx 3{,}5\ \text{Ah}$$

Aus diversen vorhergehenden Beispielen wissen wir bereits, dass diese 3,5 Ah von der zur Verfügung stehenden Kapazität eines Akkus bezogen werden.

Alternativ zu diversen Wasserkochern (die wahlweise für Spannungen von 12 oder 24 V erhältlich sind) führt der Handel auch 12- bzw. 24-V-Kaffeemaschinen, die oft mit einem Anschluss an den Pkw-Zigarettenanzünder angeboten werden.

Wer auf sein Frühstücksei nicht verzichten möchte, kann einen elektrischen Eierkocher auf die Reise mitnehmen. Diese sind jedoch in 12- oder 24-V-Ausführung nur schwer auffindbar, und oft bleibt keine andere Wahl, als den Eierkocher als Netzgerät über einen Wechselrichter bei 230 V~ zu betreiben.

Ein kleinerer elektrischer Eierkocher (für maximal sieben Eier) verbraucht pro Einsatz etwa 2,9 Ah. Wenn er über einen Wechselrichter betrieben wird, dessen Wirkungsgrad z. B. bei nur 92 % liegt, steigt der Energieverbrauch um diesen Verlust (auf ca. 3,16 Ah).

Etwas umständlicher ist die Ermittlung des Energieverbrauchs einer Mikrowelle. Hier hängt es einerseits vom Gerät, anderseits auch von der Art und Menge der betreffenden Speise selbst ab, wie lange sie gegart oder erhitzt werden muss.

Als grobe Vorinformation über die Größenordnung des Energieverbrauchs kann hier Folgendes gelten: Die benötigte Leistung liegt in den meisten Fällen zwischen ca. 300 und 600 W. Das Aufwärmen von vorbereiteten Speisen (Fertiggerichten) dauert etwa drei bis sieben Minuten. Daraus ergibt sich ein Energieverbrauch von ca. 1,25 bis 6,4 Ah. Beim Garen von Fleisch (das 15 bis 40 Minuten in Anspruch nimmt) liegt der Energieverbrauch bei ca. 8,2 bis 25 Ah.

Diese Angaben bezüglich der Mikrowellen-Anwendung beziehen sich auf einen Verbrauch inklusive der Verluste im Wechselrichter (Umwandlung von 12 V= auf 230 V~) und dienen nur der allgemeinen Vorinformation. Eine genauere Berechnung des tatsächlichen Energiebedarfs sollte sich grundsätzlich an den Geräten orientieren, die auch tatsächlich verwendet werden.

4.4 Solarbetrieb kleiner Verbraucher

Viele der kleineren elektrischen Verbraucher sind für die 230-V-Netzspannung ausgelegt und können unterwegs über einen passenden Wechselrichter von der Bordbatterie aus betrieben werden. Bei der Anwendung solcher Kleingeräte sollte darauf geachtet werden, dass ihr eventueller Stand-by-Verbrauch nicht unnötig Strom von der Bordbatterie bezieht.

Was man sich unter dieser Empfehlung konkret vorzustellen hat, erläutern wir an einem praktischen Beispiel: Eine elektrische Vakuum-Box *(Abb. 4.6)* gehört zu den nützlichen Geräten, denn sie hält Gebäck und Obst auf der Reise und beim Campen lange frisch. Jedes Mal, wenn diese Box geschlossen wird, saugt ein kleiner Kompressor die Luft aus ihrem Innenraum heraus, um den Inhalt vor Austrocknung zu bewahren – eine feine Sache, aber: Bleiben solche Boxen laufend an das Netz (bzw. an die Spannungsquelle) angeschlossen, beziehen sie laufend (und im Prinzip überflüssig) einen Stand-by-Strom, was pro Tag viel mehr Strom verbraucht als der eigentliche pumpende Kompressor.

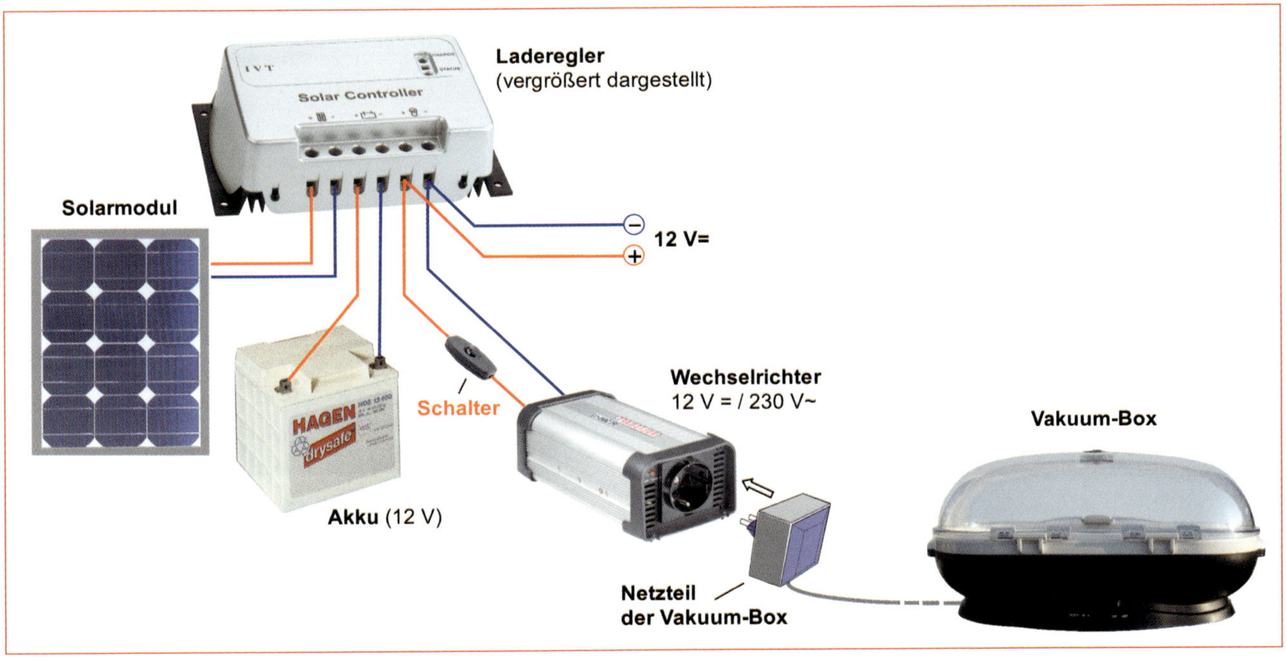

Abb. 4.6 – Netzgeräte, die einen Stand-by-Strom beziehen, sollten samt Wechselrichter nur bedarfsbezogen ein- und ausgeschaltet werden *(Anbieter der Vakuum-Box: Westfalia)*.

4.4 Solarbetrieb kleiner Verbraucher

Aus diesem Grund sollte, wie in *Abb. 4.5* zeichnerisch dargestellt, eine solche Box samt Wechselrichter jeweils nur dann kurz eingeschaltet werden, nachdem die Box geöffnet und geschlossen wurde.

Das eigentliche Pumpen dauert nur etwa drei Minuten, und während dieses Vorgangs bezieht die Vakuum-Box einen Strom von ca. 1,25 A. Sie verbraucht somit nur etwa 0,06 Ah für das eigentliche Pumpen. Mit den Verlusten im Wechselrichter verbraucht sie, wenn sie ca. zehn- bis zwölfmal am Tag geöffnet und geschlossen wird, nur etwa 0,7 bis 1 Ah. Würde sie dagegen über den Wechselrichter laufend am Akku angeschlossen bleiben, würde sie etwa 15 bis 16 Ah vom Akku beziehen, da ihr Stand-by-Verbrauch ca. 3,7 W (0,62 A) beträgt. An diesem Beispiel kann man sehen, wie wichtig es ist, auch bei der Verwendung von diversen harmlos aussehenden kleinen elektrischen Verbrauchern darauf zu achten, dass diese nicht mehr Strom verbrauchen, als zweckmäßig ist.

Elektrische Eierkocher sind meist nur als Netzgeräte ausgelegt, können aber über einen 12 V=/230 V~ Wechselrichter auch an die 12-Volt-Batterie einer Solaranlage angeschlossen werden. Auf dem Boden des Eierkochers finden Sie in der Regel am "Typenschild" seine Abnahmeleistung (bei dem hier abgebildeten Eierkocher sind es 350 Watt). Die Leistung des angewendeten Wechselrichters darf nicht niedriger sein als die des Eierkochers. Der Tiefentladeschutz muss zudem den Strom verkraften können, den der **belastete** Wechselrichter aus der Batterie bezieht. Diese Leistung setzt sich aus der Leistung des angewendeten Eierkochers und aus dem internen Leistungsverbrauch des Wechselrichters zusammen. Für diesen rechnen wir ca. 10 % von der Leistung des Eierkochers dazu. Daraus ergibt sich eine Abnahmeleistung des Wechselrichters von 385 Watt (350 W + 35 W = 385 W).

Diese 385 Watt manifestieren sich nach der uns inzwischen bekannten Formel in der Form einer Stromabnahme von stolzen 32,1 Ampere (385 Watt : 11 Volt = 32,08 Ampere). Diesen Strom muss der Tiefentladeschutz verkraften können (andernfalls brennt seine Sicherung durch).

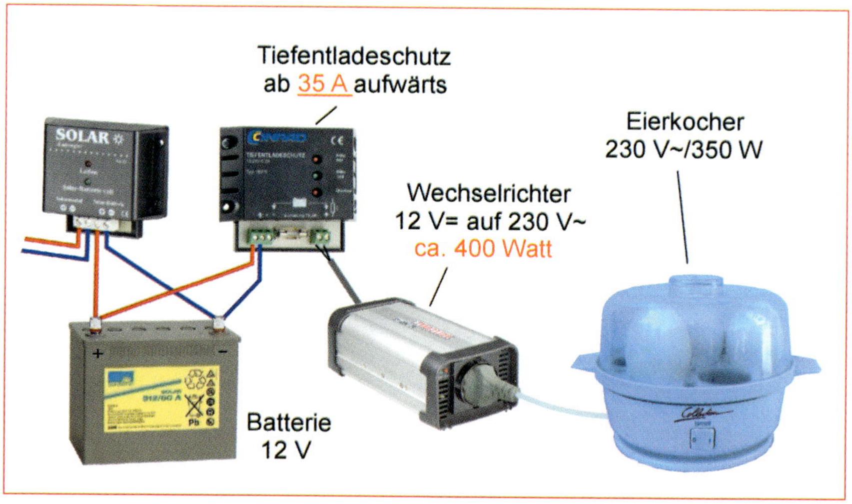

Abb. 4.7 – Eierkocher sind zwar meist nur als Netzgeräte ausgelegt, können aber über einen ziemlich preiswerten „Trapezspannungs-Wechselrichter" von einer solar geladenen Batterie aus betrieben werden, da ihre Heizelemente in der Hinsicht nicht wählerisch sind.

5 Solar- und Windenergie-Nutzung auf Booten und Yachten

Die Möglichkeiten der Solar- und Windenergie-Nutzung auf einem Boot oder auf einer Yacht sind im Prinzip identisch mit denen, die im vorhergehenden Kapitel im Zusammenhang mit dem Caravan oder Reisemobil beschrieben wurden. Hinzu kommen hier noch diverse Navigations- und Kommunikationsgeräte, die elektrische Ankerwinde, Such- oder Bugscheinwerfer, Autopilot oder sogar eine elektrische Waschmaschine mit Wäschetrockner. Dabei nimmt der Strombedarf eine Bordbatterie unter Umständen sehr stark in Anspruch. Hier kann jedoch ein Windgenerator effizienter zum Einsatz kommen, denn der Wind hat hier meist viel mehr Kraft und es findet sich für das Aufstellen des Windgenerators (bzw. auch mehrerer Windgeneratoren) leichter ein passender Standort.

5 Solar- und Windenergie-Nutzung auf Booten und Yachten

Größere Boote und Yachten verfügen oft über einen separaten elektrischen Diesel- oder Benzin-Generator, der relativ leise läuft und das elektrische Bordnetz voll mit Strom versorgen kann. Bei kleineren Booten muss dagegen eine etwas bescheidener dimensionierte Lichtmaschine die Stromversorgung bewältigen. Das hat eine ziemliche Einschränkung in der Verwendung elektrischer Geräte bzw. Werkzeuge zur Folge, zumindest solange die Bordbatterie nicht am Liegeplatz vom Netz nachgeladen wird. Hier können eine zusätzliche Solaranlage, ein zusätzlicher kleiner Windgenerator oder beide Energielieferanten in Kombination hervorragende Dienste leisten.

Abb. 5.1 – Für ein kleines Solarmodul findet sich leicht irgendwo auf dem Boot Platz ... *(Foto: AEG)*

Abb. 5.2 – Einige spezielle Solarmodule für Wasserfahrzeuge sind mit schwenkbaren Haltekonstruktionen erhältlich, die ein leichtes Verstellen der Modul-Ausrichtung ermöglichen *(Foto: AEG)*.

Bei der Planung einer Solaranlage, die im Salzwasser gut funktionieren soll, müssen vor allem die Solarmodule entsprechend strapazierfähig (salzwassertauglich) ausgeführt werden.

Abb. 5.1 bis *5.3* zeigen drei Beispiele, wie und wo man auf einem Boot oder einer Yacht Solarmodule anbringen kann. Im Prinzip ist aber jeder Platz gut, der nicht beschattet wird. Wichtig ist, dass auch hier die

Abb. 5.3 – Anordnungsbeispiel mehrerer leistungsstarker Solarmodule auf einem Segelboot: Diese sechs Module können eine Leistung über 600 W (600 Wp) und einen Ladestrom von über 40 A liefern *(Foto: Siemens)*.

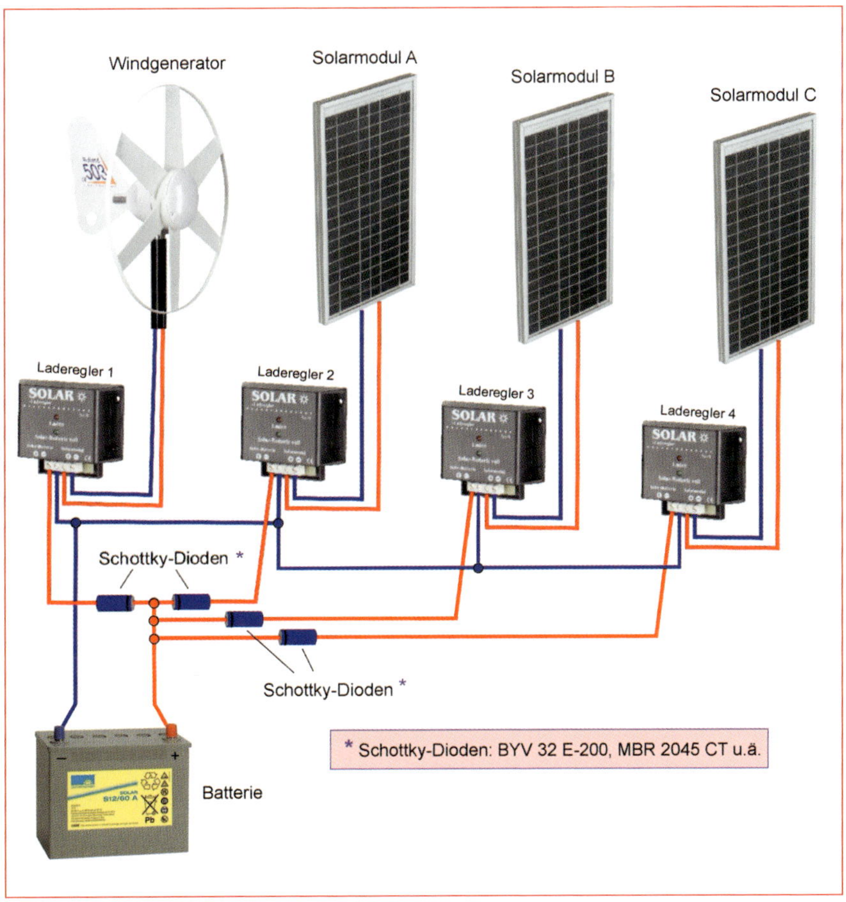

Abb. 5.4 – Werden auf einem Boot mehrere Solarmodule mit unterschiedlichen technischen Parametern oder an unterschiedlichen Stellen angebracht, sollte jedes der Module die Bordbatterie bevorzugt über einen eigenen Laderegler laden.

Solarzellenfläche ausreichend groß angelegt wird. Zusätzlich zu den Solarmodulen kann auf dem Boot oder der Yacht als zweite Energiequelle noch ein Windgenerator installiert werden, der besonders in windreichen Gewässern einen wertvollen Beitrag zur Energieversorgung des Bordnetzes leisten kann.

Beim Anbringen von Solarmodulen auf einem Boot oder einer Yacht verdient der Aspekt der Zellenbeschattung (siehe dazu Kapitel 7.4) erhöhte Aufmerksamkeit. Bypass-Dioden in oder an den Solarmodulen sind hier erforderlich. Ein elektrisch ausgewogenes Nachladen der Bordbatterie wird erzielt, wenn jedes Solarmodul einen eigenen Laderegler nach *Abb. 5.4* erhält.

Abb. 5.5 – Ein Windgenerator, der als Schnellläufer konzipiert ist, kann vor allem auf einem Boot oder einer Yacht viel Strom erzeugen, da er bei günstigem Windaufkommen Tag und Nacht läuft *(Foto/Anbieter: ELV).*

6 Wie funktioniert eine Solarzelle?

Wir haben am Anfang dieses Buchs die Solarzelle mit einer normalen Batterie verglichen, allerdings mit dem Hinweis auf den Unterschied, dass Spannung und Leistung einer Solarzelle von der jeweiligen Belichtung ihrer lichtempfindlichen Fläche abhängen. Eine Solarzelle reagiert auf Belichtung ähnlich wie beispielsweise ein Fahrraddynamo auf die Drehzahl des Rades: Je schneller gefahren wird, desto höhere Spannung, Leistung und höheren Strom liefert der Dynamo an die Fahrradlampen.

Sowohl der Fahrraddynamo als auch die Solarzelle sind elektrische Generatoren, die *eine* Art Energie in eine *andere* Art Energie umwandeln. Beim Fahrraddynamo muss der Mensch die benötigte Eingangsenergie „eigenfüßig" aufbringen, bei der Solarzelle übernimmt diese Arbeit die Sonne – zumindest dann, wenn sie scheint.

6 Wie funktioniert eine Solarzelle?

Als Nächstes stellt sich die Frage, welche der handelsüblichen Solarzellen sich für ein bestimmtes Vorhaben am besten eignen. Dies ist jedoch ziemlich unproblematisch: Das Angebot an Solarzellen (als Solarmodul-Bausteine) beschränkt sich immer noch auf kristalline und amorphe (Dünnschicht-)Solarzellen.

Für die meisten langlebigen Anwendungen kommen nur kristalline Siliziumsolarzellen in Frage. Amorphe Dünnschichtzellen haben einen relativ niedrigen Wirkungsgrad und benötigen, im Vergleich zu kristallinen Solarzellen (bzw. Solarmodulen), eine mehr als doppelt so große Fläche für dieselbe solarelektrische Leistung. Zudem weisen manche dieser Module eine gewisse Ermüdung auf, die sich dadurch manifestiert, dass bereits nach einem Jahr ihre Leistung merklich sinkt und danach von Jahr zu Jahr weiterhin leicht nachlässt. Daher eignen sich diese Module im Außenbereich hauptsächlich für experimentelle Zwecke.

Der Aufbau einer kristallinen Siliziumsolarzelle ist vom Prinzip her identisch mit dem Aufbau einer Siliziumdiode: Eine dünne *Negativschicht* und eine etwas dickere *Positivschicht* bilden nach *Abb. 6.1* zwei unterschiedlich dotierte Halbleiterteile, die bei Belichtung zu *Potenzialfeldern* werden.

Die *Negativschicht (n-Schicht)* der Solarzelle bildet den Minuspol, die *Positivschicht (p-Schicht)* den Pluspol. Die Spannung und die Leistung der Zelle hängen von der Lichtintensität ab, der die obere Zellenschicht

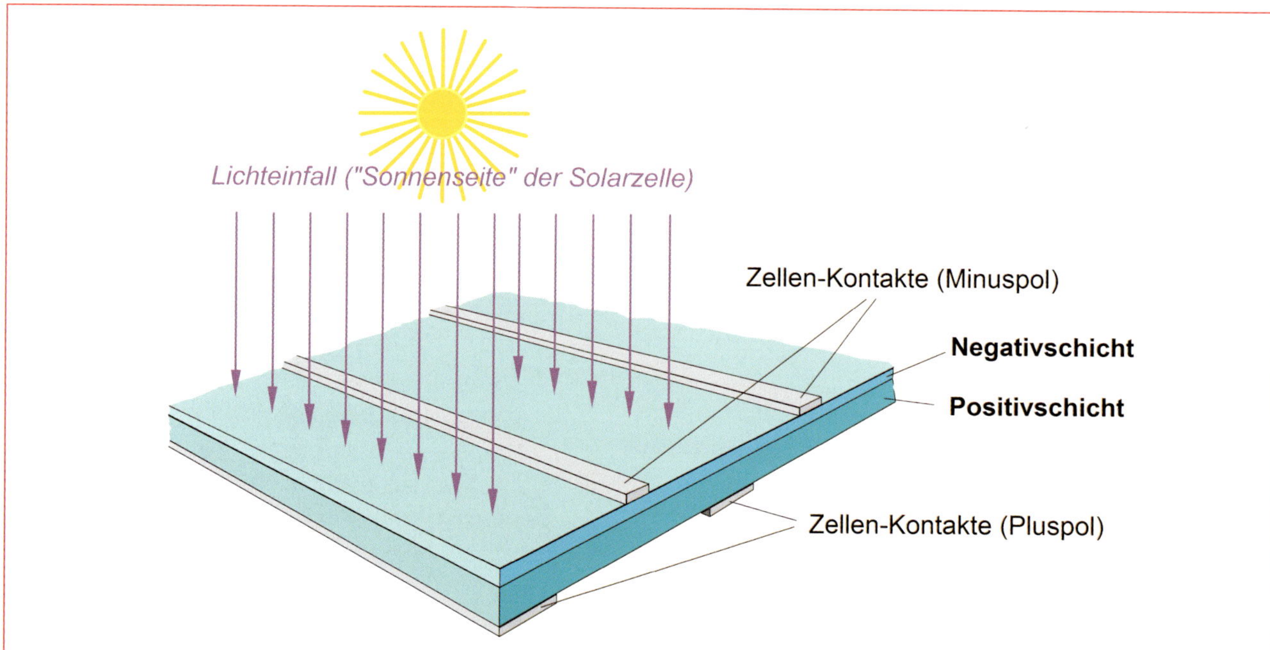

Abb. 6.1 – Eine herkömmliche Solarzelle im Schnitt (stark vergrößert; in Wirklichkeit ist eine solche Zelle nur ca. 0,3 bis 0,4 mm dick).

ausgesetzt ist. Bei absoluter Dunkelheit weist die Solarzelle kein Potenzial auf.

Theoretisch spielt es an sich keine Rolle, welche der Zellenschichten als „Sonnenseite" bevorzugt wird. Auf jeden Fall muss aber die obere Schicht sehr dünn sein (ca. 0,02 mm), denn der funktionell wichtige *n/p-Übergang* darf nicht zu tief unter der vom Licht bestrahlten Oberfläche liegen.

Die Sonnenseite der Zelle wird üblicherweise mit einer zusätzlichen Antireflex-Schicht versehen (z. B. aus Titandioxyd), um Reflektionsverluste zu vermeiden. Für einen hohen Umwandlungswirkungsgrad der Solarzelle ist es wichtig, dass möglichst viele der Photonen (Sonnenstrahlen), mit denen die n-Schicht bombardiert wird, auch in den Halbleiter eindringen.

Handelsübliche kristalline Solarzellen gibt es in zwei Ausführungsarten: *monokristalline* Zellen und *polykristalline* (*multikristalline*) Zellen.

Bei der Herstellung monokristalliner Zellen werden monokristalline Blöcke „gezogen" und mit etwa 0,5 mm dünnen Diamantsägen oder Laserstrahlen wie die Wurst beim Metzger in dünne Scheiben zersägt. Dasselbe monokristalline Grundmaterial wird in der Halbleitertechnik bei der Herstellung von Dioden, Transistoren und integrierten Schaltungen (Chips) verwendet. Ausgangsmaterialien sind hier Quarzsand oder natürliche Quarzkristalle.

In einem Ofen wird aus dem Grundmaterial durch Reduktion

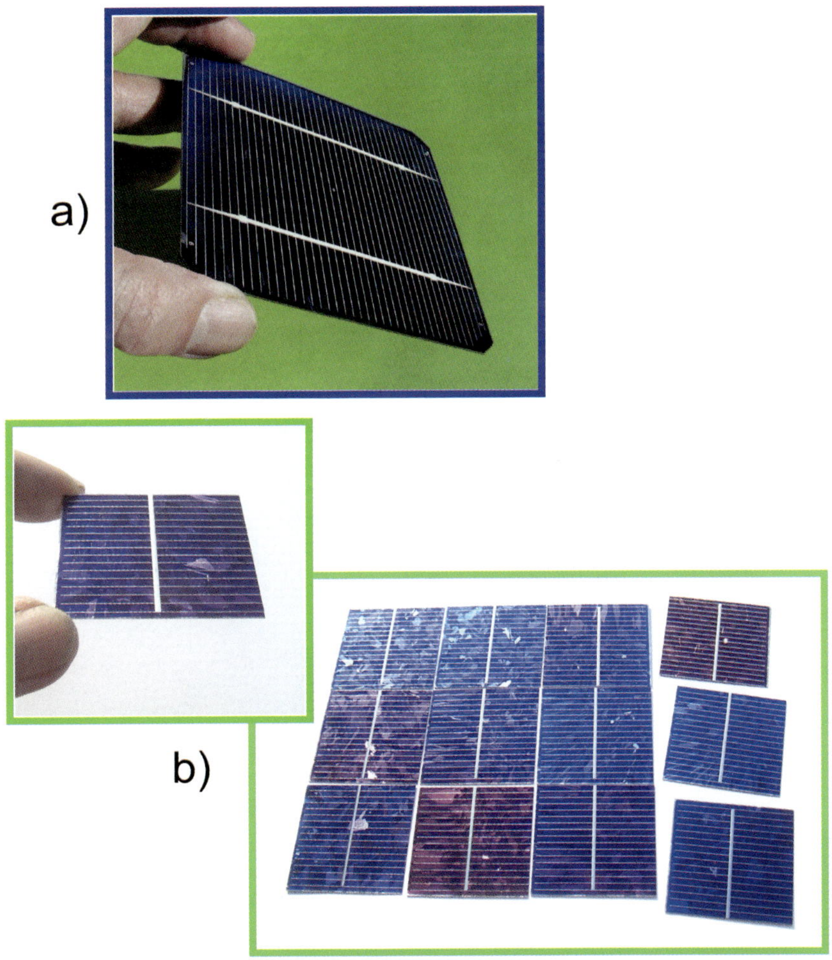

Abb. 6.2 – a) Monokristalline Solarzellen haben eine einheitliche dunkelblaue Oberfläche, die im Licht hellblau schimmert. **b)** Die Oberfläche polykristalliner Solarzellen weist eine marmorierte Eisblumenstruktur auf, die im Licht silbrig-bläulich schimmert.

mit Kohle metallurgisch reines Silizium gewonnen. Dieses weist allerdings immer noch etwa 2 % Verunreinigungen auf, die durch weiteres aufwendiges Verarbeiten (Reduktion mit Salzsäure und Destillation) ausgeschieden werden müssen. Erst danach hat man hochreines Silizium zur Verfügung, das jedoch polykristallin ist. Dies bedeutet, dass hier sehr viele kleine ungeordnete Kristalle die eigentliche Substanz des Siliziummaterials bilden. Wenn man daraus eine monokristalline Struktur machen möchte, müssen diese polykristallinen „Barren" in einem Tiegel nochmals eingeschmolzen und aus dieser Schmelze unter langsamem axialen Drehen ein monokristalliner „Balken" gezogen werden. Ein solcher Balken besteht dann nur noch aus einem einzigen Kristall (daher die Bezeichnung „monokristallin") und kann eine Länge von bis zu 2 m haben.

Bei der Herstellung *polykristalliner* Zellen (auch als *multikristalline* Zellen bezeichnet) wird flüssiges Silizium in Stahlformen gegossen. Es bildet nach der Erstarrung die typische marmorierte Eisblumenstruktur *nach Abb. 6.2 b*. So entstehen auch hier Siliziumblöcke, die ebenfalls in dünne Scheiben zersägt werden.

Amorphe Dünnschichtzellen werden auf die Weise hergestellt, dass auf eine Glas- oder Kunststoffplatte eine nur wenige Tausendstel Millimeter dünne Siliziumschicht aufgedampft wird.

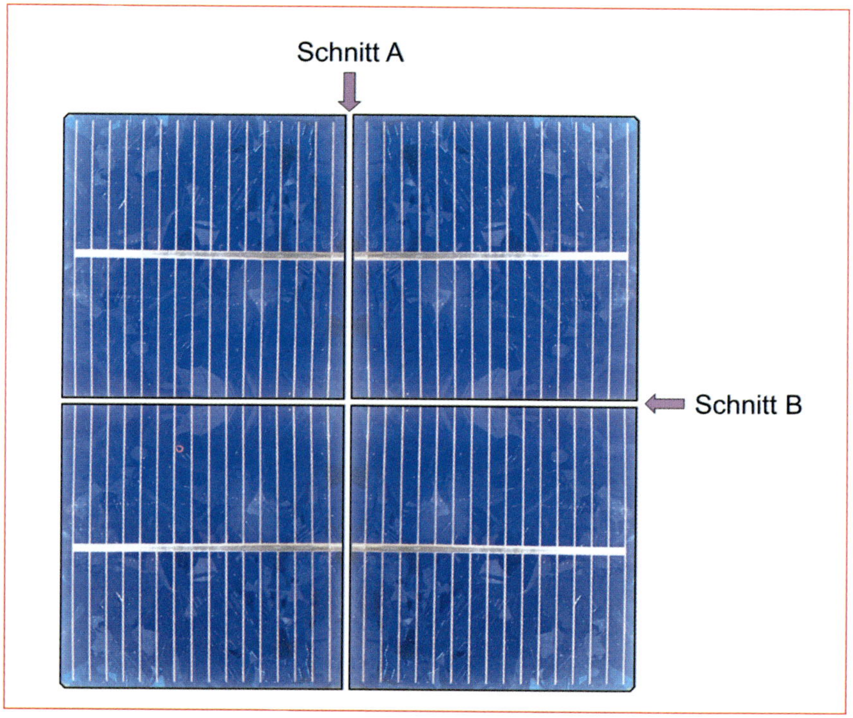

Abb. 6.3 – Die aus dem Balken geschnittenen Solarzellen haben eine maximale Größe von ca. 100 × 100 bis 150 × 150 mm, werden jedoch für die Bestückung kleinerer Solarmodule in kleinere Zellen (oft in zwei bis vier Teile) zerschnitten.

6.1 Welche Solarzellen sind die besten?

Monokristalline Solarzellen weisen einen etwas höheren Wirkungsgrad auf als polykristalline (multikristalline) Solarzellen. In den letzten Jahren wurden die Herstellungsverfahren kristalliner Zellen weitgehend modernisiert. Bei der Herstellung von monokristallinen Solarzellen haben sich diverse Vereinfachungen ergeben, bei den polykristallinen Solarzellen wurde wiederum die Herstellungstechnologie perfektioniert. Die Unterschiede zwischen dem Wirkungsgrad der mono- und der polykristallinen Zellen sind geringer geworden. So gibt es momentan hersteller- oder lieferantenabhängig so manche polykristallinen Solarzellen, die es vom Wirkungsgrad her mit den monokristallinen Zellen aufnehmen können. Herstellerbezogen bewegen sich die Parame-

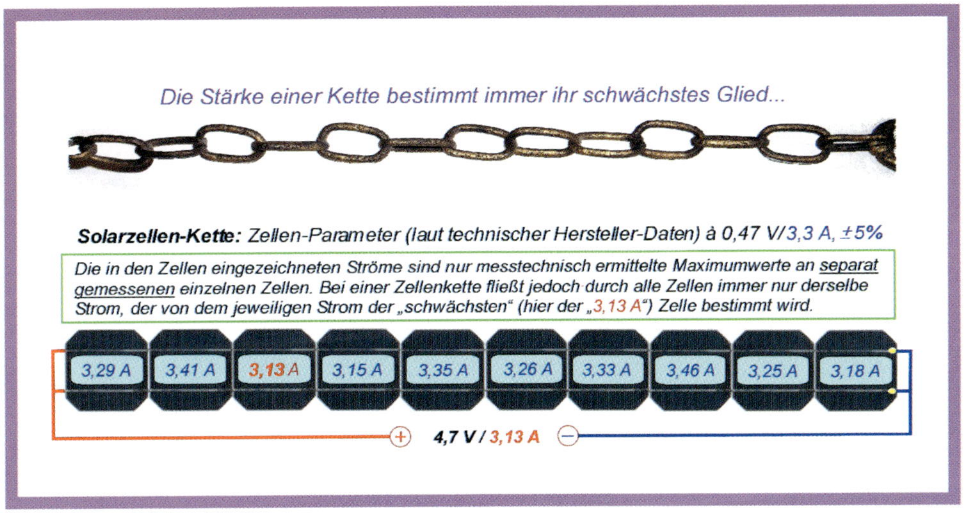

Beispiel: Drei Solarmodule, bestückt mit Solarzellen à 0,46 V/3,3 A, deren Toleranz ±10% beträgt, bilden ebenfalls eine Zellenkette, die aus 36 Solarzellen besteht und der Ausgangs-Nennstrom des Modul-Trios wird auch hier durch die „schwächste“ Solarzelle bestimmt.

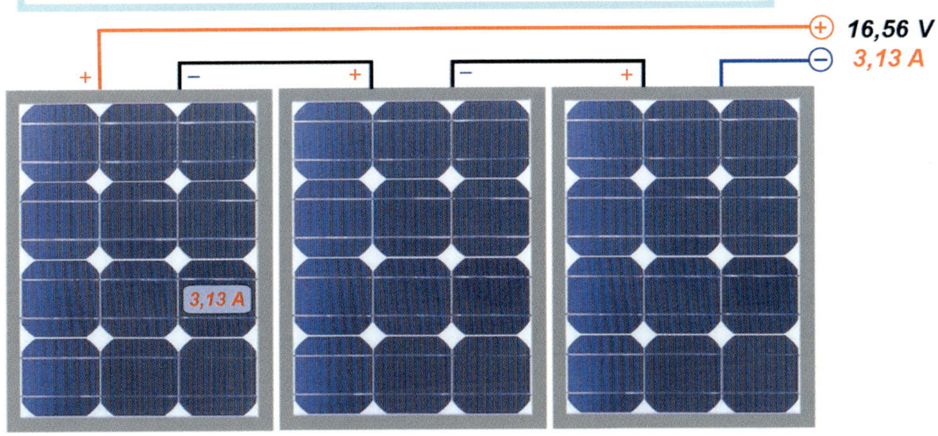

Abb. 6.4 – Bei Reihenschaltung mehrerer Solarmodule ist für den Ausgangsstrom und somit auch für die Ausgangsleistung das „schwächste Glied der Kette“ bestimmend, nämlich die schwächste Solarzelle in einem der Module.

6.1 Welche Solarzellen sind die besten?

terschwankungen bei Solarzellen und -modulen in Grenzen zwischen ca. ±1 und ±10 %. Diese großen Unterschiede sollten vor allem dann nicht unterschätzt werden, wenn man mehrere Solarmodule in Reihe schalten möchte, denn eine einzige schwache Zelle im Solarmodul bestimmt nach dem Beispiel in *Abb. 6.4* den Ausgangsstrom des Moduls und somit seine Ausgangsleistung.

Es spielt dabei keine besondere Rolle, ob in so einem Solarmodul eventuell noch einige der anderen Solarzellen – oder sogar die meisten der restlichen Solarzellen - einen Nennstrom von z. B. 3,5 A (bezogen auf dieses Beispiel) aufbringen könnten.

Die Streuung der technischen Zellenparameter hängt in der Praxis oft auch davon ab, ob der Kunde bereit ist, für vorselektierte Solarzellen einen Aufpreis zu zahlen und ob der Zellenhersteller die Möglichkeit hat, seine minderwertigeren Zellen abseits des Standardangebots zu vermarkten. So gibt es z. B. in der fernöstlichen Spielzeugindustrie bzw. bei Kleinmodulherstellern Abnehmer, denen es nichts ausmacht, wenn die preiswert erstandenen Zellen etwas schwächere Leistungen aufweisen. Anspruchsvollere Kunden können dann wiederum nur die qualitativ hochwertigeren Zellen erhalten (vorausgesetzt, sie sind bereit, einen entsprechend höheren Preis zu zahlen).

Bei jeder elektrischen Energiequelle interessieren uns vor allem die Spannungs- und Stromwerte wie auch die Bedingungen, unter denen wir die elektrische Energie abnehmen können bzw. dürfen. Alle technischen Angaben basieren bei Solarzellen und Solarmodulen auf folgenden internationalen Standard-Testbedingungen:

Sonneneinstrahlung von 1.000 W/m² (wolkenloser sonniger Tag), Spektralverteilung von AM 1,5 (= die Photonen „bombardieren“ die Zellenfläche optimal senkrecht) und Zellentemperatur von 25°C.

Das sind Bedingungen, die in Deutschland nur an sonnigen Sommertagen vorzufinden sind. Dabei kann es aber auch im Dezember oder Januar sonnige Tage geben, an denen um die Mittagszeit die Sonneneinstrahlung nur geringfügig unterhalb der Testbedingungen liegt.

Die Herstellerangaben der Zellenparameter beziehen sich auf technische *Maximumwerte*, die oft auch als *Nennwerte* bezeichnet werden. Manche Hersteller und Anbieter benutzen auch die Bezeichnung *Werte bei maximaler Leistung*. Alle diese Bezeichnungen haben dieselbe Bedeutung und basieren auf Messungen, die nur unter den Standard-Testbedingungen erzielt werden.

Die wichtigsten technischen Daten einer Solarzelle sind:

- Nennspannung (Spannung bei maximaler Leistung)
- Nennstrom (Strom bei maximaler Leistung)
- Nennleistung (maximale Leistung)
- Leerlaufspannung
- Kurzschluss-Strom
- Wirkungsgrad

Die *Nennspannung* liegt bei monokristallinen Zellen zwischen ca. 0,47 und 0,48 V und bei polykristallinen zwischen ca. 0,46 und 0,47 V. Sie ist fast unabhängig von der Zellengröße. Wenn Sie beispielsweise eine Zelle wie das Eis auf einer Pfütze zertreten, werden alle ihre Bruchstücke weiterhin annähernd dieselbe Spannung liefern, die ursprünglich die ganze Zelle hatte. Das gilt natürlich auch für Zellen, die wie ein Kuchen in kleinere Stücke zerschnitten werden. Der *Zellen-Nennstrom* verteilt sich dabei proportional zur Zellenfläche: Wird z. B. eine **0,47-V-/3,2-A**-Solarzelle in vier gleiche Teile zerschnitten, entstehen vier kleine Einzelzellen von **0,47 V/0,8 A**.

Der *Nennstrom* einer Solarzelle hängt von ihrer Größe wie auch von ihrem *Wirkungsgrad* ab. Viele handelsübliche Solarzellen haben eine Solarfläche von nur etwa 1 dm² (100 cm²), und ihr Nennstrom liegt bei etwa 2,9 bis 3,29 A (typen- bzw. markenabhängig). In letzter Zeit mehren sich jedoch Angebote an größeren Solarzellen. Die momentan größten Abmessungen liegen bei ca. 150 × 150 mm. Solche Zellen können dann einen Nennstrom von 5 bis 6 A liefern.

Die *Nennleistung* wird bei allen Solarzellen als reine Multiplikation von Nennspannung und Nennstrom errechnet und benötigt keine nähere Erklärung.

Erklärungsbedürftig ist die *Leerlaufspannung*. Darunter versteht man die Spannung an einer unbelasteten Zelle. Bei den meisten kristallinen Zellen ist die Leerlaufspannung typenabhängig etwa 23 bis 26 % höher als die Nennspannung. Der Spannungsbereich zwischen der Nennspannung und der Leerlaufspannung stellt keine zwei „Entweder-oder-Festgrenzen", sondern eine „flexible Zone" dar: Sobald ein Solarmodul nicht voll belastet wird, steigt seine Spannung in Richtung der Leerlaufspannung. Diese Eigenheit erweist sich beim Laden eines Akkus als Vorteil: Wenn die Sonnenintensität etwas schwächer wird und der Akku nicht mehr den vollen Ladestrom bezieht (da er bereits etwas nachgeladen wurde), steigt die Modul-Ausgangsspannung, und der Akku wird weiterhin geladen.

Der *Kurzschluss-Strom* ist bei den meisten kristallinen Zellen nur etwa 6 bis 12 % höher als der Nennstrom. Ein vorübergehender Kurzschluss an einer Solarzelle oder an einem Solarmodul führt noch nicht zu ihrer Vernichtung oder Beschädigung – vorausgesetzt, sie hat keine Zeit, sich zu sehr aufzuheizen. Die Solarzelle selbst verkraftet im Durchschnitt Temperaturschwankungen zwischen ca. –40° C und +125° C und kann sogar zu einer Art Kochplatte werden, ohne dass sie dadurch beschädigt wird. Bei im Modul eingebetteten Zellen wird jedoch bei zu intensiver Wärmeentwicklung die Gussmasse in Mitleidenschaft gezogen, was zu Blasenbildung, Schleierbildung oder Verfärbung der Masse führen kann. Das Solarmodul ist dann irreparabel beschädigt und liefert eventuell nur noch einen sehr geringen Strom.

Der in den technischen Daten angegebene Kurzschluss-Strom kommt nur bei einer Zelle vor, die laut Testbedingungen voll beleuchtet ist. Wenn dagegen die Sonneneinstrahlung beispielsweise nur etwa 900 statt 1.000 W/m² erreicht, liegt der Kurzschluss-Strom bereits unterhalb des gefährlichen Zellen-Nennstroms, und die Zelle wird sich in diesem Fall nicht mehr aufheizen als während Normalbetriebs bei voller Leistungsabgabe.

6.2 Der Solarzellen- und Solarmodul-Wirkungsgrad

Der *Solarzellen-* und *Solarmodul-Wirkungsgrad* wird auch als *Umwandlungswirkungsgrad* bezeichnet, weil er angibt, wie viel Prozent der einwirkenden Strahlungsenergie (Sonnenstrahlungsenergie) in Form von elektrischem Strom abgegeben werden. Für den Anwender ist vor allem der Wirkungsgrad der Solarmodule von Bedeutung, denn dieser variiert in letzter Zeit produktbezogen in sehr breiten Grenzen.

Die modernsten handelsüblichen Solarmodule weisen herstellerabhängig gegenwärtig (weltweit) folgende Wirkungsgrade auf:

- Module mit monokristallinen Solarzellen: ca. 10,4 – 19,3 % *
- Module mit polykristallinen Solarzellen: ca. 10,0 – 17,2 %
- Module mit amorphen Dünnschichtzellen: ca. 2,3 – 8 %

* Einen Wirkungsgrad von 19,3 % erreichen momentan nur die speziellen Solarmodule der *SunPower Corporation* (USA). Die Oberfläche der Zellen ist wie winzige Pyramiden strukturiert, zudem befinden sich alle Zellenkontakte (sowohl der Pluspol als auch der Minuspol) nur auf der Zellenrückseite. Die ganze Fläche der Zellensonnenseite kann somit von der Sonne voll bestrahlt und die Zwischenräume zwischen den Zellen sehr klein gehalten werden, da alle elektrische Zellenverbindungen an der Rückseite verlaufen.

Der Wirkungsgrad mono- und polykristalliner Solarzellen bleibt während der ersten 20 Betriebsjahre fast unverändert. Mit dem Wirkungsgrad der amorphen Dünnschichtzellen geht es insbesondere bei Außenanwendung oft bereits nach kurzer Betriebszeit (manchmal sogar von weniger als einem Jahr) bergab. Dies kann zwar herstellerabhängig (bzw. auch abhängig von der Art und Dauer der vorhergehenden Lagerung) variieren, aber der Anwender hat bei der Anschaffung eines solchen Moduls keine Möglichkeit, dessen tatsächliche Leistung objektiv zu testen.

Inwieweit bei kristallinen Solarzellen der Wirkungsgrad eine wichtige Rolle spielt, hängt vor allem vom Einsatzgebiet ab. Im Grund muss dem Wirkungsgrad kein zu hoher Stellenwert eingeräumt werden. Man braucht nur darauf

Der Wirkungsgrad eines Solarmoduls hängt nicht nur vom Wirkungsgrad der eigentlichen Zellen, sondern auch von den Zwischenräumen zwischen den Zellen und von der Breite des Rahmens ab.

Wichtig

Den Wirkungsgrad eines Solarmoduls können Sie leicht selbst ausrechnen, wenn Sie die in den technischen Daten angegebene Nennleistung des Solarmoduls auf seine Fläche umrechnen und dieses mit den laut Testbedingungen aufgeführten 1000 W/m² (= 10 W/dm² bzw. 0,1 W/cm²) vergleichen.

Beispiel

Die Nennleistung eines 1.476 × 660 mm großen monokristallinen Solarmoduls beträgt laut Datenblatt 120 W („Wp"). Wir rechnen uns die Modulfläche in m² um:

1,476 m multipliziert mit **0,66 m** ergibt eine Modulfläche von **0,974 m²**. Wir runden es einfachheitshalber auf **1 m²** auf und brauchen weiterhin eigentlich gar nicht mehr zu rechnen, denn das Solarmodul liefert laut Datenblatt pro 1 m² Fläche eine Leistung von 120 W. Ausgehend von den 1000 W der Sonnenstrahlung (laut internationalen Testbedingungen) liegt der Wirkungsgrad dieses Moduls bei exakt 12 % (120 W sind 12 % von 1000 W).

hinzuweisen, dass normale Glühbirnen sozusagen in der Gegenrichtung oft nur einen Wirkungsgrad um die 4 bis 5 % aufweisen (die restlichen 95 bis 96 % der verbrauchten Energie wandeln sie in Wärme um).

Im Gegensatz zu anderen technischen Anlagen und Maschinen ist der Solarzellen- oder Solarmodul-Umwandlungswirkungsgrad keine Konstante, mit der sich bei der Nutzung von Sonnenenergie fest rechnen ließe. Es kann ja nur dann Energie umgewandelt werden, wenn die Sonne – oder zumindest genügend Tageslicht – da ist. Die launische Natur hält sich dennoch in längeren Zeitabschnitten an ein Schema, mit dem sich kalkulieren lässt. Man muss dabei nur die richtigen Schnittstellen zwischen dem Spendenumfang der Natur und dem Energiebedarf der technischen Verbraucher finden.

Dass sich Solarzellen mit Hilfe von Diamantsägen oder mit einem Laserstrahl in beliebig kleine Stücke schneiden lassen, ist für einen kleineren Leistungsbedarf sehr nützlich, denn der Nennstrom und die Nenn-

Bemerkung

Die hier angegebenen Wirkungsgradgrenzen der aufgeführten Zellentypen orientieren sich an den jeweiligen Angeboten auf dem Weltmarkt wie auch an den neuesten Datenblättern der fernöstlichen und amerikanischen Hersteller bzw. der westeuropäischen Anbieter.

Durch Unterschiede in der Herstellungstechnologie ergeben sich auch innerhalb derselben Zellenart sehr hohe herstellerbezogene Wirkungsgradunterschiede. Es gibt immer noch Solarzellenhersteller, die sich mit einem relativ niedrigen Wirkungsgrad zufrieden geben, aber anderseits auch Vorreiter, die manchmal wiederum mehr versprechen, als letztendlich serienmäßig realisierbar ist. Durch diese Schwankungen werden auch die in der Fachliteratur angegebenen aktuellen Solarzellen-Wirkungsgradgrenzen immer etwas variieren und sind daher nicht als absolute Festwerte zu betrachten.

Abmessungen [mm]	Leerlaufspannung [V]	Kurzschluss-Strom [A]	Max. Leistung [W]	Spannung bei max. Leistung [V]	Strom bei max. Leistung [A]	Wirkungsgrad [%]
100,5 × 102	0,585	3,25	1,40	0,47	2,98	13,7
50,2 × 102	0,580	1,308	0,616	0,47	1,416	12,9
33,5 × 102	0,580	1,090	0,400	0,47	0,918	12,8
25,1 × 102	0,580	0,790	0,300	0,46	0,689	12,7
50,2 × 51	0,580	0,790	0,300	0,46	0,689	12,7
25,1 × 51	0,580	0,392	0,148	0,46	0,347	12,4
20,1 × 51	0,580	0,314	0,118	0,46	0,277	12,3
12,6 × 51	0,575	0,192	0,072	0,45	0,169	11,2

Tab. 1 – Technische Durchschnittsdaten **polykristalliner** Solarzellen unterschiedlicher Größe.

6.2 Der Solarzellen- und Solarmodul-Wirkungsgrad

leistung einer Solarzelle lassen sich *nur* durch ihr Verkleinern verringern – wie *Tab. 1* und *2* entnommen werden kann.

Wie aus den Tabellen hervorgeht, kommt es insbesondere bei sehr kleinen Zellen auch bei der Nennspannung zu geringen Einbußen. Bei größeren Zellen hat die Zellenteilung auf die Zellen-Nennspannung keinen Einfluss, wohl aber auf die anderen technischen Parameter (jedoch in akzeptablen Grenzen).

Abmessungen [mm]	Leerlaufspannung [V]	Kurzschluss-Strom [A]	Max. Leistung [W]	Spannung bei max. Leistung [V]	Strom bei max. Leistung [A]	Wirkungsgrad [%]
125 × 125	0,615	5,15	2,32	0,48	4,8	14,8
∅ 125	0,615	4,2	1,9	0,48	3,9	15,5
103 × 103	0,59	3,3	1,48	0,47	3,1	14,7
51,5 × 103	0,59	1,65	0,74	0,47	1,55	14,4
51,5 × 51,5	0,59	0,82	0,37	0,47	0,77	14,1
25,7 × 51,5	0,585	0,41	0,18	0,465	0,38	13,9

Tab. 2 – Technische Daten der gängigsten **monokristallinen** Solarzellen unterschiedlicher Größe.

7 Welches Solarmodul ist das richtige?

Im vorhergehenden Kapitel haben wir darauf hingewiesen, dass sich für Anwendungen im Außenbereich bevorzugt kristalline Solarzellen(module) eignen. Theoretisch würden monokristalline Zellen Vorrang vor polykristallinen (multikristallinen) Zellen verdienen, da sie einen etwas höheren Wirkungsgrad erreichen – bzw. erreichen können. Praktisch spielt es jedoch keine besondere Rolle, mit welchem Zellentyp das Modul bestückt ist, vor allem deshalb nicht, weil hier sowohl durch die Herstellungsstreuung als auch durch die Zwischenräume zwischen den im Modul eingegossenen Einzelzellen der zellentypbezogene Leistungsunterschied pro dm^2 oder m^2 Solarfläche kaum ins Gewicht fällt.

7 Welches Solarmodul ist das richtige?

Es gibt zwar inzwischen auch spezielle Solarmodule mit „Rückenkontaktzellen" (von der US-amerikanischen SunPower Corporation), bei denen die Zwischenräume zwischen den einzelnen Solarzellen minimal sind, diese haben sich aber aus Kostengründen auf unserem Markt noch nicht etabliert.

Für die praktische Anwendung ist aber nicht der Modul-Wirkungsgrad, sondern die Modul-Nennleistung in W/dm² (oder in W/m²) von Bedeutung, wenn Wert auf Platzersparnis gelegt wird. Ansonsten dürften beim Preis-Leistungs-Vergleich der Preis pro Watt Modulleistung und die Herstellungsstreuungs-Toleranz in 10 % die wichtigste Rolle spielen. Selbstverständlich darf dabei nicht außer Acht gelassen werden, dass z. B. ein 100-W-Solarmodul, bei dem der Hersteller eine Toleranz von ±10 % angibt, auch angemessen preiswerter sein müsste als ein Solarmodul mit einer Toleranz von ±2 %.

Anwendungsbezogen ist bei einem Solarmodul am wichtigsten, dass es sowohl die vorgesehene Nennspannung als auch den benötigten Nennstrom liefern kann. Die Modul-Nennleistung (die auch als *maximale Leistung* bezeichnet wird) errechnet sich einfach durch Multiplizieren der Nennspannung mit dem Nennstrom:

Nennspannung [V] × Nennstrom [A] = Nennleistung [W].

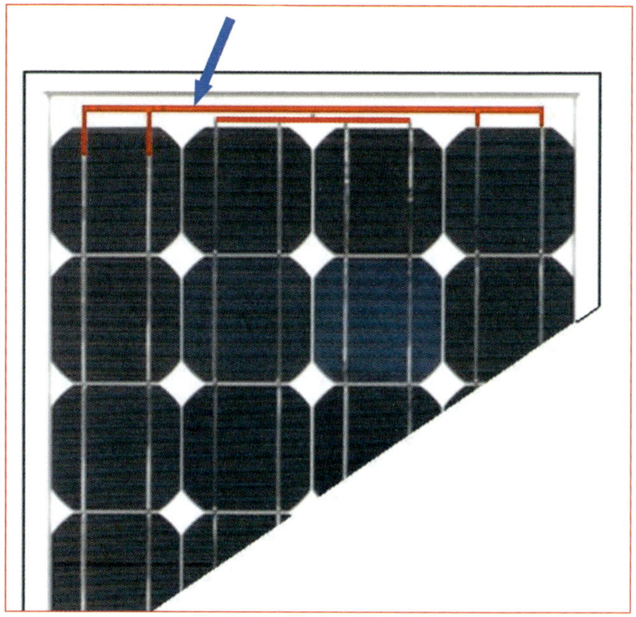

Abb. 7.1 – Bei den meisten handelsüblichen Solarmodulen wird der Modul-Wirkungsgrad pro m² Fläche nicht nur durch den eigentlichen Wirkungsgrad der verwendeten Solarzellen, sondern auch durch die Zwischenräume zwischen den einzelnen Zellen bzw. zwischen den Solarzellen, die für die Durchverbindungen erforderlich sind, und dem Modul-Rahmen bestimmt.

7.1 Mechanische Ausführung der Solarmodule

Die meisten der handelsüblichen kristallinen Solarmodule sind nach dem Prinzip aus *Abb. 7.2* konzipiert. Die Solarzellen sind hier wie eine Schmetterlingssammlung eingerahmt und zwischen zwei Glas- oder Kunststoffscheiben in eine silikonartige Gussmasse eingebettet.

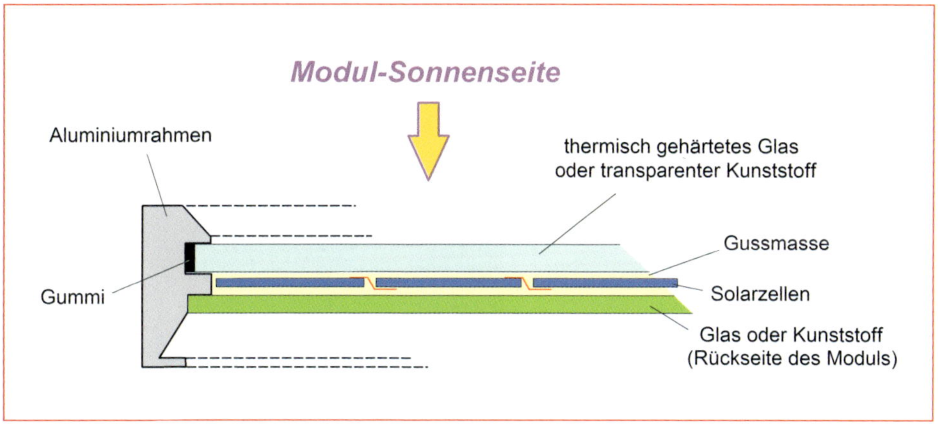

Abb. 7.2 – Ein kristallines Solarmodul im Schnitt.

Weder die Abmessungen noch die technischen Parameter der Solarmodule unterliegen einer Norm. Die Qualität der Einrahmung kann Einfluss auf den Modulpreis haben. Am teuersten sind Solarmodule, die an der Sonnenseite eine thermisch gehärtete Glasscheibe haben (bei diesen Modulen geben die Hersteller in der Regel eine Lebensdauer von 20 Jahren an). Etwas preiswerter sind Solarmodule mit Kunststoffscheiben. Sie sind leichter, aber wiederum etwas empfindlicher gegen Verkratzen oder Ermatten der Scheibe. Hier geben die Hersteller oft eine Lebensdauer von nur zehn Jahren an, was sich jedoch auf eine kontinuierliche Außenanwendung bezieht. Einige dieser Module sind in einer portablen zusammenklappbaren Ausführung erhältlich, die etwa Aktentaschenformat hat und auch fürs Campen gut geeignet ist.

Als Dritte im Bunde verdienen diverse flexible Solarmodule *(Abb. 7.3)* besondere Beachtung. Abgesehen von dem Vorteil, dass sie sich biegen und direkt auf das Dach des Caravans, Reisemobils oder Autos aufkleben lassen, sind sie sehr leicht und damit z. B. auch zum Zelten bequem transportierbar. Sie sind allerdings etwas empfindlicher gegen Beschädigungen der Schutzfolie,

Abb. 7.3 – Flexible Solarmodule lassen sich bis zu einem Radius von ca. 1,5 m biegen und direkt auf Caravan- oder Reisemobildächer aufkleben.

die es natürlich nicht mit einer thermisch gehärteten Glasscheibe aufnehmen kann. Diese Schwachstelle des flexiblen Solarmoduls dürfte jedoch nur dann ins Gewicht fallen, wenn das Modul z. B. fest auf ein Caravandach aufgeklebt wird und über Jahre hinweg im Freien überwintern muss.

Kleinere flexible bzw. leichtgewichtige Solarmodule sind ziemlich steif und können auch ohne Hilfskonstruktion gegen einen Stock oder einen beliebigen Gegenstand gelehnt und gegen die Sonne ausgerichtet aufgestellt werden *(Abb. 7.4)*.

Abb. 7.4 – Ein kleines Leichtgewicht-Solarmodul kann als eine portable Stromquelle beim Campen vielseitig genutzt werden.

7.2 Richtige Ausrichtung und Nutzung der Solarmodule

Wir wissen inzwischen, dass die Leistung eines Solarmoduls auch davon abhängt, wie gut es gegen die Sonne ausgerichtet ist. Wenn sich das Solarmodul von Sonnenauf- bis Sonnenuntergang gleitend nach der Sonne drehen könnte, wäre es am besten. Beim Campen kann ein frei stehendes Solarmodul zumindest ein paar Mal am Tag durch einfaches Umstellen nach der Sonne ausgerichtet werden, um von ihm eine optimale elektrische Solarleistung beziehen zu können.

Für die Sommermonate ist ein waagrecht installiertes Solarmodul (etwa ein auf dem Caravan- oder Autodach liegendes bzw. angeleimtes Modul) am vorteilhaftesten, allerdings nur in Hinsicht auf die „Qual der Wahl" bei einem fest montierten Solarmodul. Generell ist der Ertrag eines fest ausgerichteten Solarmoduls viel geringer als z. B. bei einem Modul, das sich zumindest fünfmal am Tag nach der Sonne ausrichten (umstellen) lässt.

Ist ein Solarmodul nur für das Laden eines 12-V-Akkus während der Sommermonate bestimmt, genügt es, wenn seine Nennspannung ca. 17 bis 18 V beträgt. Notfalls reichen auch 16 V aus, aber in diesem Fall sinkt die Solarspannung schon bei gering bewölktem Himmel leicht unter das Niveau der Akkuspannung, und es findet kein Nachladen statt. Von diesem Standpunkt aus betrachtet, wäre es eigentlich von Vorteil, wenn das Solarmodul für eine Nennspannung von z. B. 20 V ausgelegt wäre – oder noch höher. Das hat jedoch einen höheren Anschaffungspreis zur Folge, und das Preis-Leistungs-Verhältnis wäre nur bedingt vertretbar.

Anders ist es bei einem Solarmodul, das im Frühjahr und/oder Herbst in Mitteleuropa für denselben Zweck verwendet werden soll. Hier dürfte eine Nennspan-

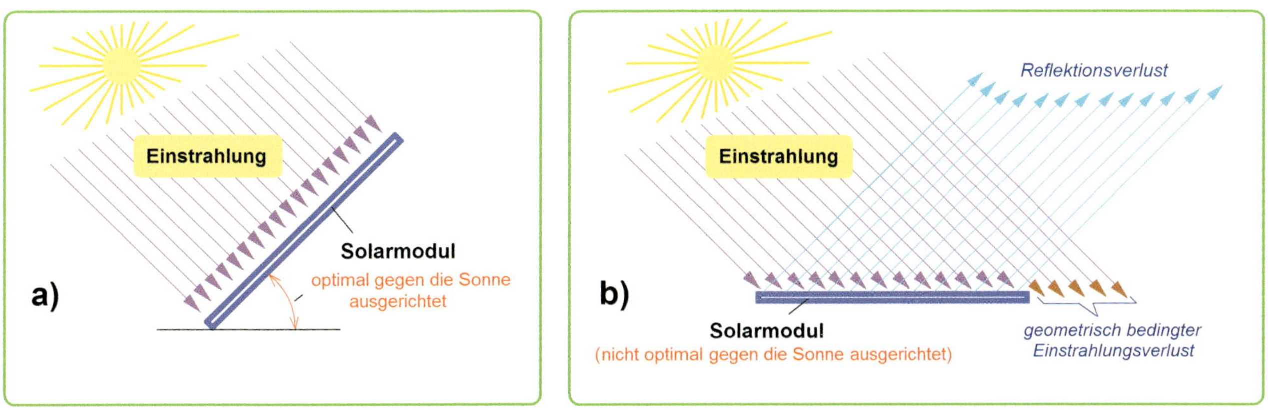

Abb. 7.5 – Die Sonnenbestrahlungsdichte der direkten Sonnenstrahlen hängt vom Neigungswinkel des Solarmoduls ab.

7.2 Richtige Ausrichtung und Nutzung der Solarmodule

nung von 18 bis 20 V sinnvoll sein. Auch der Modul-Nennstrom darf etwas stärker gewählt werden als bei einem „Sommermodul". Er sollte allerdings sicherheitshalber 10 % der Akkukapazität eines Blei- oder NiCd-Akkus bzw. 20 % der Akkukapazität eines NiMH-Akkus nicht überschreiten.

Man sollte bereits bei der Anlagenplanung immer die Tatsache berücksichtigen, dass die in den technischen Daten angegebene Nennspannung des Solarmoduls nur bei Einhalten der Testbedingungen (strahlender Sonnenschein, optimale Ausrichtung der Solarzellenfläche und Zellenarbeitstemperatur von 25° C) zutrifft. Die theoretisch vorgesehene Zellenarbeitstemperatur von 25° C stellt bei voll belasteten Solarzellen eine Schwachstelle dar, denn diese erwärmen sich leicht auf das Doppelte (an heißen Sommertagen noch etwas mehr). Die vom Solarmodul gelieferte Spannung (sowie auch die Leistung) sinkt dann mit zunehmender Temperatur nach *Abb. 7.6.*

Solarmodule, die für das Nachladen von Akkus verwendet werden, erwärmen sich allerdings nicht so oft und nicht so kräftig wie solche, an die ein Verbraucher angeschlossen ist, der von ihnen laufend den maximalen Strom und die maximale Leistung bezieht. Wenn ein gut dimensioniertes Solarmodul einen Akku quasi laufend nachlädt, sinkt die Spannung des Akkus nur in Ausnahmefällen derart tief, dass der Akku vom Solarmodul vorübergehend den vollen Ladestrom und die volle Leistung bezieht. Während des Nachladens des Akkus steigt seine Spannung gleitend und es sinkt ent-

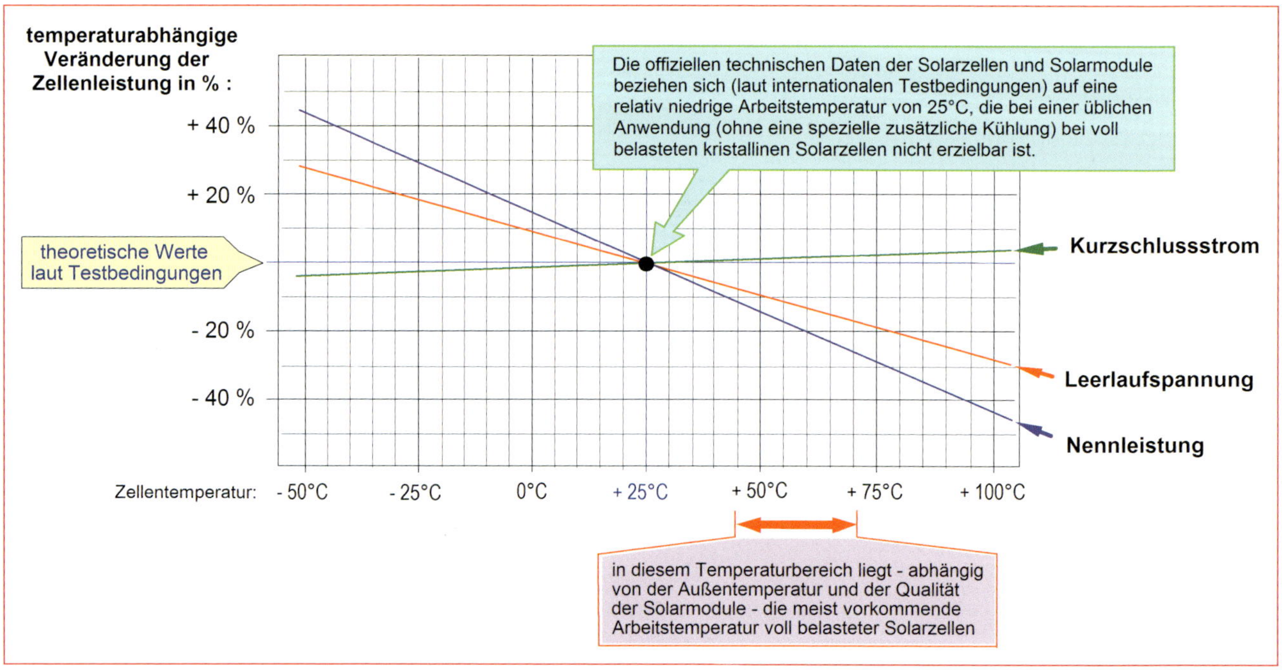

Abb. 7.6 – Die von Solarmodulen bezogene Spannung und Leistung sinkt mit zunehmender Temperatur der Solarzellen.

sprechend der vom Solarmodul bezogene Ladestrom ebenfalls gleitend. Das Solarmodul wird daher als Ladestromquelle nur relativ selten (nach länger andauerndem regnerischem Wetter) voll beansprucht.

Bleibt die Frage offen, was unter dem Begriff „gut dimensioniertes Solarmodul" zu verstehen ist. Zunächst ist anzustreben, dass der Solarzellen-Nennstrom die 10 % der Akkukapazität nicht unterschreitet. Falls bei der Erfüllung dieses Anspruchs die zur Verfügung stehenden Flächen auf dem Caravandach (oder an anderer vorgesehener Stelle) schon ausgeschöpft sind, bleibt nur noch die Frage der optimalen Nennspannung übrig (die bereits als geklärt betrachtet werden dürfte).

Die optimale Akkukapazität muss bei solarelektrischer Stromversorgung gut überlegt und durchgerechnet werden. Das eigentliche Planungsprinzip ist sehr einfach: Was dem Akku an elektrischer Energie abgenommen wird, das muss das Solarmodul nachliefern können. Der Stromverbrauch wird durch die Antworten auf folgende Planungsfragen ermittelt:

a) Welche elektrischen Verbraucher werden an die Anlagenbatterie angeschlossen?
b) Wie groß ist der Stromverbrauch einzelner Verbraucher (in Ampere), und wie viele Betriebsstunden pro Tag oder pro Woche sind für einzelne Verbraucher vorgesehen?
c) Wird der Anlagenakku (Bordakku) ausschließlich vom Solarmodul geladen, oder beteiligt sich am Laden auch eine andere Energiequelle, wie z. B. die Fahrzeug-Lichtmaschine oder ein Windgenerator?
d) Wie lange andauernde sonnenarme „Durststrecken" sollte der Anlagenakku überbrücken?

In den vorhergehenden Kapiteln wurde bereits an praktischen Beispielen gezeigt und erklärt, wie sich diverse konkrete Vorhaben realisieren lassen und worauf es bei einzelnen Überlegungen ankommt. Beispiele zur Dinemsionierung eines Solarmoduls zeigt *Abb. 7.7.* Hier muss allerdings jeder selber bestimmen, welche Verbraucher er mit Solarstrom betreiben möchte und um welche Zeitspannen es dabei geht.

Mit der Einschätzung der voraussichtlichen Wetterbedingungen kennen sich erfahrungsgemäß auch professionelle Meteorologen nur in Grenzen aus. Hier gibt es bei der Planung nur die Möglichkeitn, das Schlimmste zu berücksichtigen.

Bemerkung

In unseren Beispielen einer optimalen Dimensionierung gehen wir einfachheitshalber von einer Versorgungsgleichspannung von 12 V aus, denn für diese Gleichspannung sind viele handelsübliche Geräte als Solarprodukte oder als Autozubehör erhältlich. Wenn anstelle von 12 V eine 24-V-Spannung verwendet wird, verdoppeln sich auch die empfohlenen Modulspannungen und halbieren sich die Modul-Nennströme.

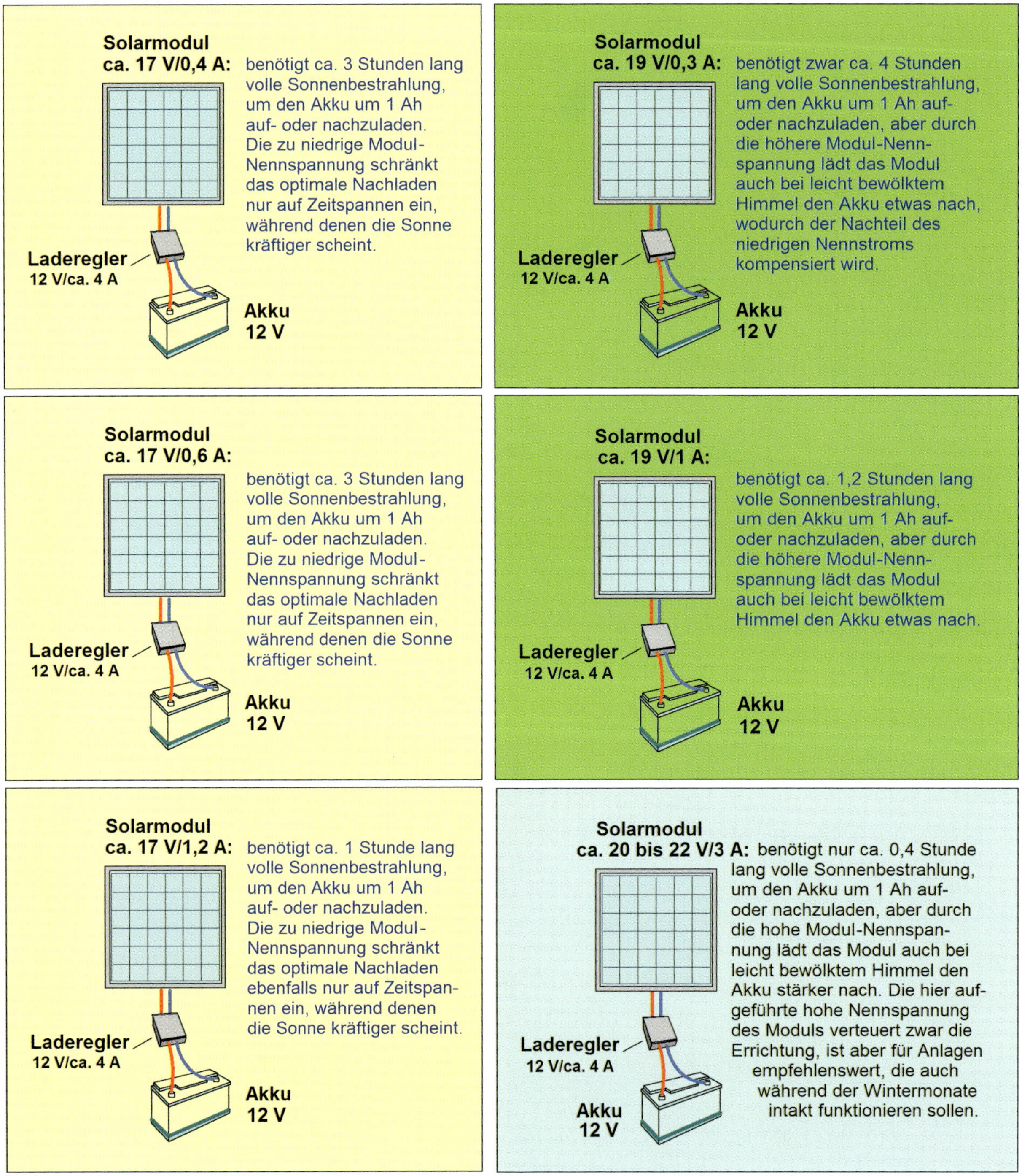

Abb. 7.7 – Einige Beispiele der Dimensionierung eines Solarmoduls und des daraus resultierenden Nachladens eines 12-V-Akkus.

7.3 Serieller und paralleler Betrieb mehrerer Solarmodule

Wir wissen inzwischen, dass Solarzellen und Solarmodule, ähnlich wie Batterien, seriell (in Reihe), parallel oder seriell-parallel miteinander verbunden werden können, um eine höhere Nennspannung und/oder einen höheren Nennstrom zu erhalten, als handelsübliche Einzelmodule bieten.

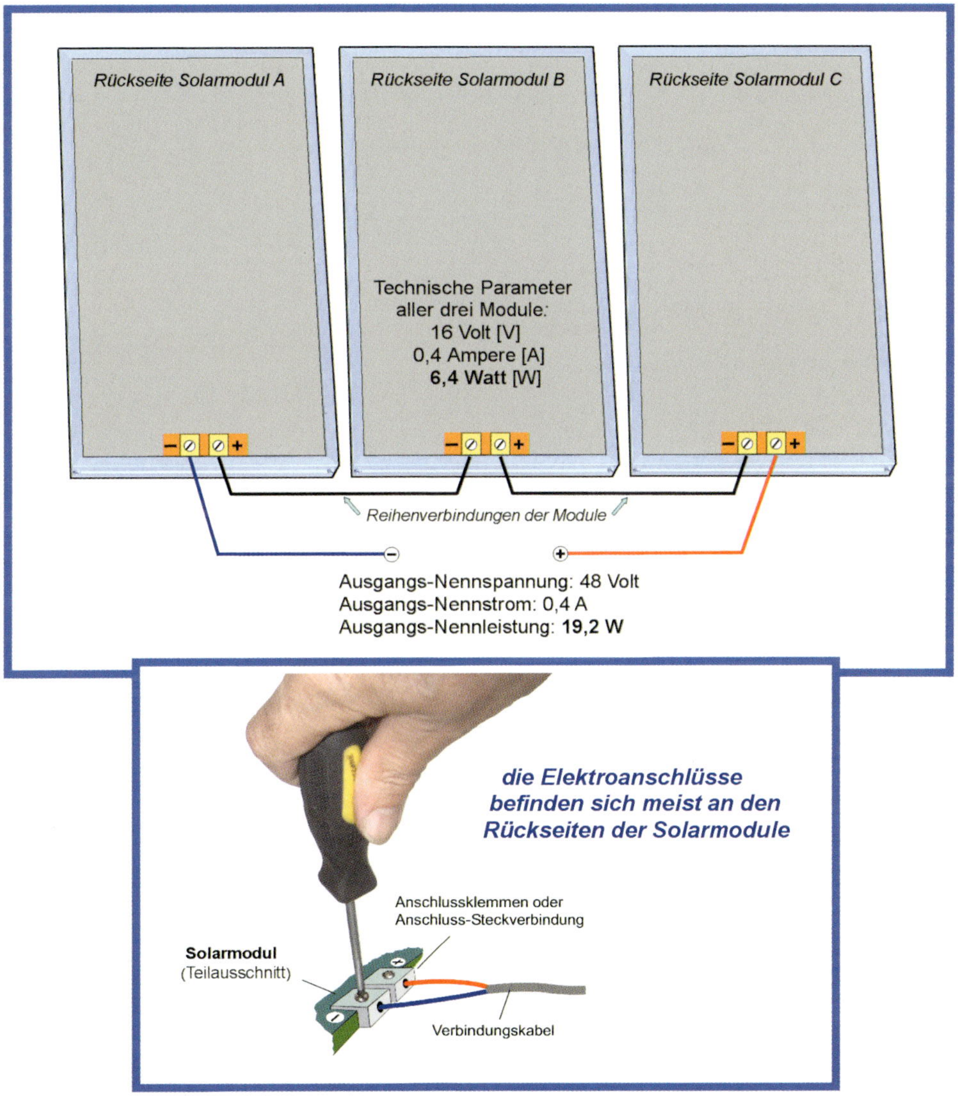

Abb. 7.8 – Beispiel einer Reihenverschaltung von drei Solarmodulen, die herstellerseitig mit Anschlussklemmen versehen sind.

7.3 Serieller und paralleler Betrieb mehrerer Solarmodule

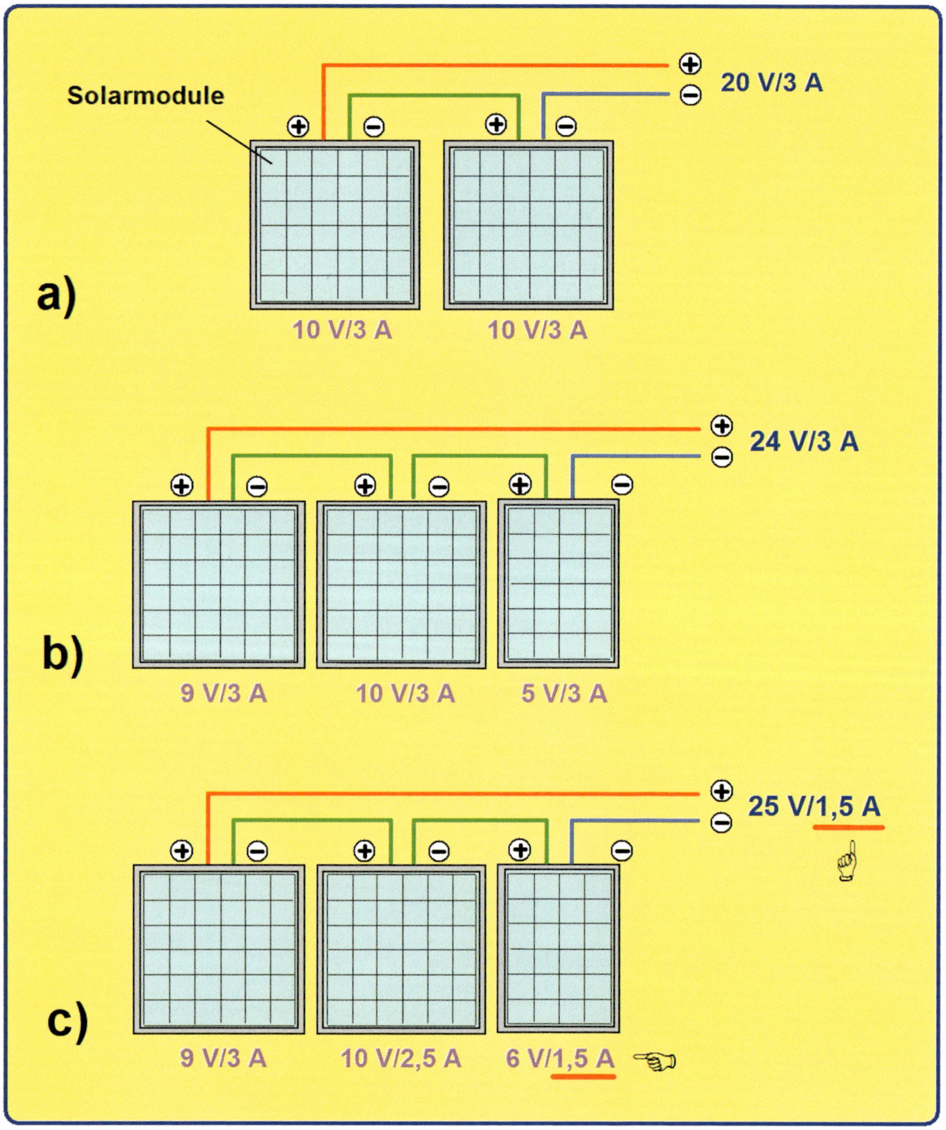

Abb. 7.9 – Wenn mehrere Solarmodule in Serie geschaltet werden, sollten alle für denselben Nennstrom ausgelegt sein, denn für den Ausgangsnennstrom einer solchen Kette ist immer das schwächste Modul bestimmend: **a)** Module mit identischen Parametern; **b)** Module mit unterschiedlicher Nennspannung, aber mit gleichem Nennstrom; **c)** Module, die einen unterschiedlichen Nennstrom haben, eignen sich nur bedingt für eine serielle Schaltung, denn der Ausgangsstrom wird hier vom Modul mit dem niedrigsten Nennstrom bestimmt.

7.3 Serieller und paralleler Betrieb mehrerer Solarmodule

In *Abb. 7.9* zeigen wir an einigen Beispielen, wie sich eine Reihenschaltung mehrerer Module auf die erzielten Nennwerte auswirkt. Bei dem Beispiel in *Abb. 7.9 c* wird darauf hingewiesen, dass sich solch eine Lösung „nur bedingt" eignet. Das dürfte näher erläutert werden: Wenn die Nennspannung eines Solarmoduls für ein Vorhaben zu niedrig ist, können zwei oder drei zusätzliche kleine, preiswerte Module – die z. B. als gekapselte Solarzellen erhältlich sind – die Ausgangsspannung auf den angestrebten Wert erhöhen. In solchen Fällen ist es von Vorteil, wenn die zusätzlichen Module – oder gekapselten Solarzellen – sicherheitshalber lieber für einen etwas höheren Nennstrom ausgelegt sind, als theoretisch erforderlich wäre. *Abb. 7.10* zeigt ein Beispiel einer solchen Anordnung.

Für parallelen Betrieb eignen sich am besten Solarmodule mit identischen Parametern, wie in *Abb. 7.11 a* eingezeichnet ist. Die Lösung nach *Abb. 7.11 b* ist zwar theoretisch ebenfalls zulässig, aber in der Praxis besteht hier die Gefahr, dass die theoretisch gleichen Nennspannungen der ungleichen Module in Wirklichkeit dennoch Abweichungen aufweisen, die Leistungsverluste zur Folge haben könnten. Eine Lösung nach *Abb. 7.11 c* ist technisch nicht zulässig.

Werden bei einer seriell-parallelen Verschaltung nur kleinere zusätzliche Solarmodule an das Hauptmodul zugeschaltet, darf man sie nach dem Beispiel in *Abb. 7.12 a* etwas großzügiger dimensionieren. In der Praxis findet man ohnehin nur selten zusätzliche Kleinmodule, deren Spannung und Strom exakt die benö-

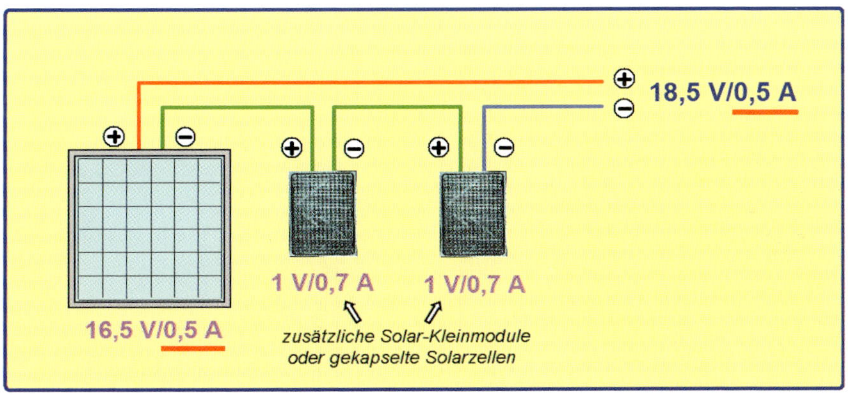

Abb. 7.10 – Kleine zusätzliche Solarmodule dürfen in der Praxis über einen etwas höheren theoretischen Nennstrom verfügen, um garantiert den Strom des großen Moduls nicht unter seinen Nennwert abzudrosseln, falls ihr tatsächlicher Strom nicht den Katalogwert erreicht.

7.3 Serieller und paralleler Betrieb mehrerer Solarmodule

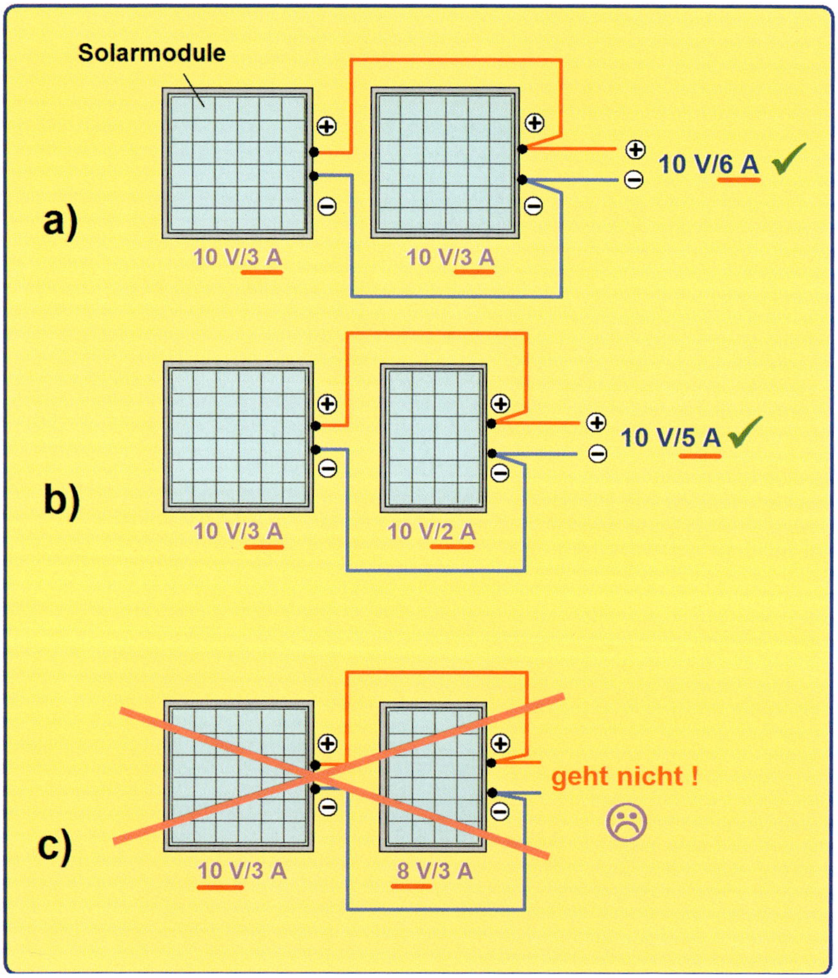

Abb. 7.11 – Bei paralleler Verbindung mehrerer Solarmodule müssen alle Module für exakt dieselbe Nennspannung ausgelegt werden, aber der Nennstrom und somit automatisch auch die Nennleistung dürfen unterschiedlich sein.

tigten Werte aufweisen. Eine Kompromisslösung nach *Abb. 7.12 b* ist jedoch nur als Provisorium zu betrachten, da ein zu großer Teil der Leistung des teuren Hauptmoduls quasi verschenkt wird. In diesem Fall ist es effizienter, wenn nach *Abb. 7.12 c* die zusätzlichen Kleinmodule etwas „überdimensioniert" sind.

Wenn mehrere Solarmodule in Serie (Reihe) geschaltet werden, an deren Ausgangsklemmen der Hersteller Schottky-Dioden *(nach Abb. 7.13)* angebracht hat, sollten diese nur am letzten Modul der Reihe (von dem der Plus-Anschluss zum Laderegler führt) belassen werden. Bei allen restlichen Modulen sind sie zu entfernen.

Falls bereits im Laderegler eine Schottky-Diode untergebracht ist bzw. falls der Laderegler elektronisch so konzipiert ist, dass er Strom sowieso nur in Richtung Akku durchlässt – aber nicht in der Gegenrichtung –, sollten die Schottky-Dioden von allen Modulen entfernt werden.

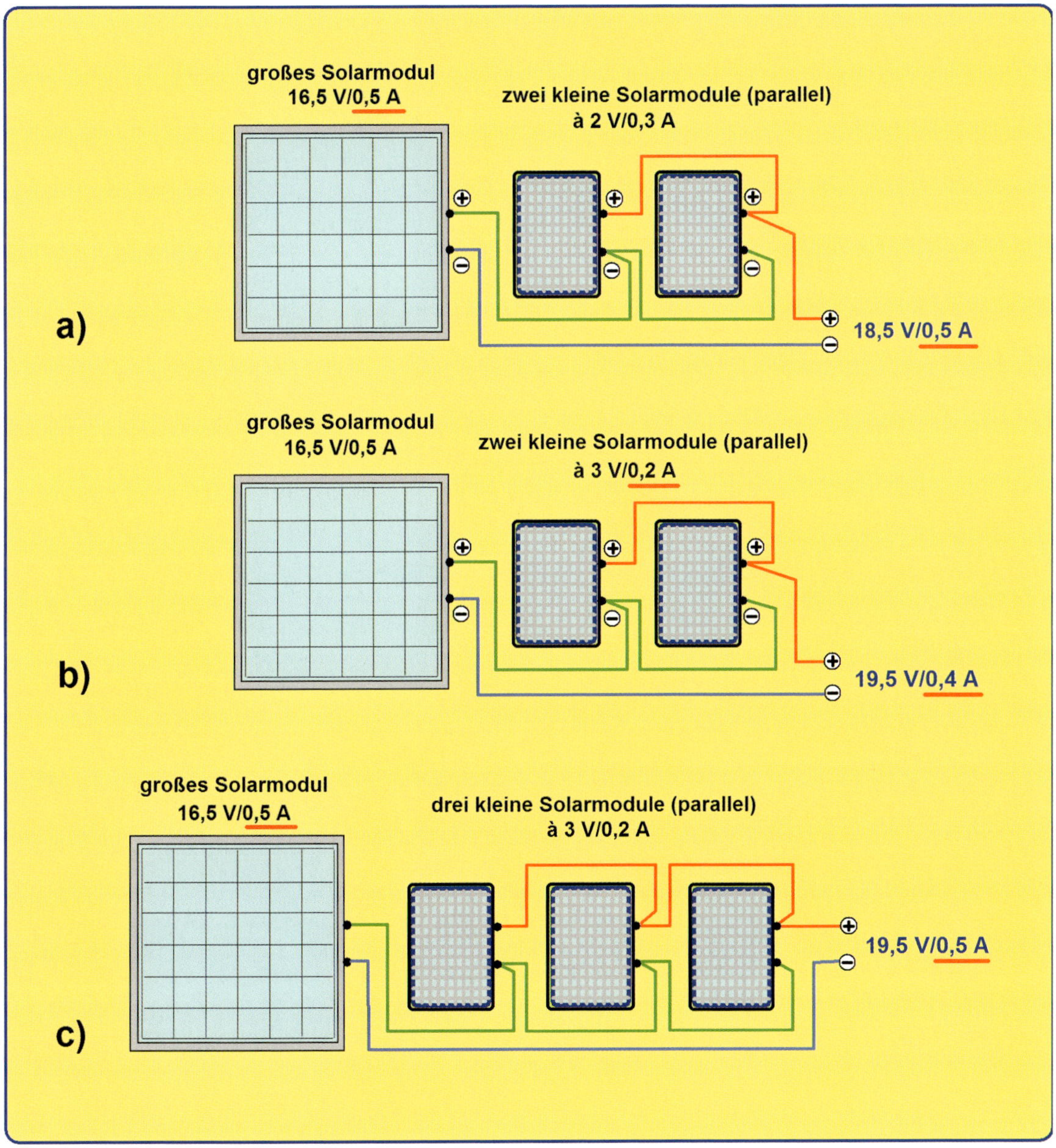

Abb. 7.12 – Mithilfe seriell-paralleler Verschaltung mehrerer Module können die Leistung und die Spannung eines solchen Solargenerators bedarfsbezogen erhöht werden.

7.3 Serieller und paralleler Betrieb mehrerer Solarmodule

Bitte nicht vergessen

Wird ein Akku von einem Solarmodul oder von mehreren miteinender verschalteten Solarmodulen geladen, muss er dagegen geschützt sein, sich über die Solarmodule zu entladen, sobald deren Spannung (bei geringer Belichtung bzw. nachts) unter die Akkuspannung sinkt. Wenn der verwendete Laderegler nicht so ausgelegt ist, dass er in der Gegenrichtung keinen Strom vom Akku zu den Solarmodulen durchlässt, muss eine Schottky-Diode nach *Abb. 7.14* den „Ein-Richtungs-Verkehr" steuern.

Eine (gute) Schottky-Diode hat gegenüber normalen Siliziumdioden den Vorteil, dass an ihr ein Spannungsverlust von nur ca. 0,3 V entsteht (an normalen Siliziumdioden liegt der Spannungsverlust bei etwa 0,6 bis 1 V). In der Solarelektrik stellen zwar auch 0,3 V einen kostspieligen Spannungsverlust dar, denn ihm fallen etwa $^2/_3$ der Nennspannung einer Zelle (pro Kette) zum Opfer. Wenn jedoch anstelle der Schottky-Diode (= spezielle Metall-Halbleiterdiode mit einer Schottky-Sperrschicht) eine normale Siliziumdiode (Gleichrichterdiode) verwendet würde, würde der Spannungsverlust annähernd die Nennspannung von zwei Solarzellen betragen.

Die Schottky-Diode stellt somit das kleinere Übel dar und wird daher für derartige Aufgaben in der Photovoltaik (Solarelektrik) verwendet. Kontrollieren Sie aber bitte die Schottky-Diode vor dem Einbau, denn es sind auch Produkte im Umlauf, die einen wesentlich höheren Spannungsverlust als die vorgesehenen 0,3 V aufweisen. Die an ihnen in Wärme umgewandelte Leistung stellt dann verschenktes Geld dar.

Die Wahl der richtigen Schottky-Diode ist einfach. In Kurzfassung werden Schottky-Dioden in Katalogen beispielsweise folgendermaßen angeboten: *„MBR 745 – 7,5 A/45 V"* oder *„SB 530 – 5 A/ 30 V"*. Das genügt für unsere Zwecke. Es geht vor allem darum, dass die verwendete Schottky-Diode für einen Maximalstrom ausgelegt ist, der mindestens ca. 50 % höher liegt als der Modul-Nennstrom und dass die Diode auch die Leerlaufspannung des Moduls verkraftet.

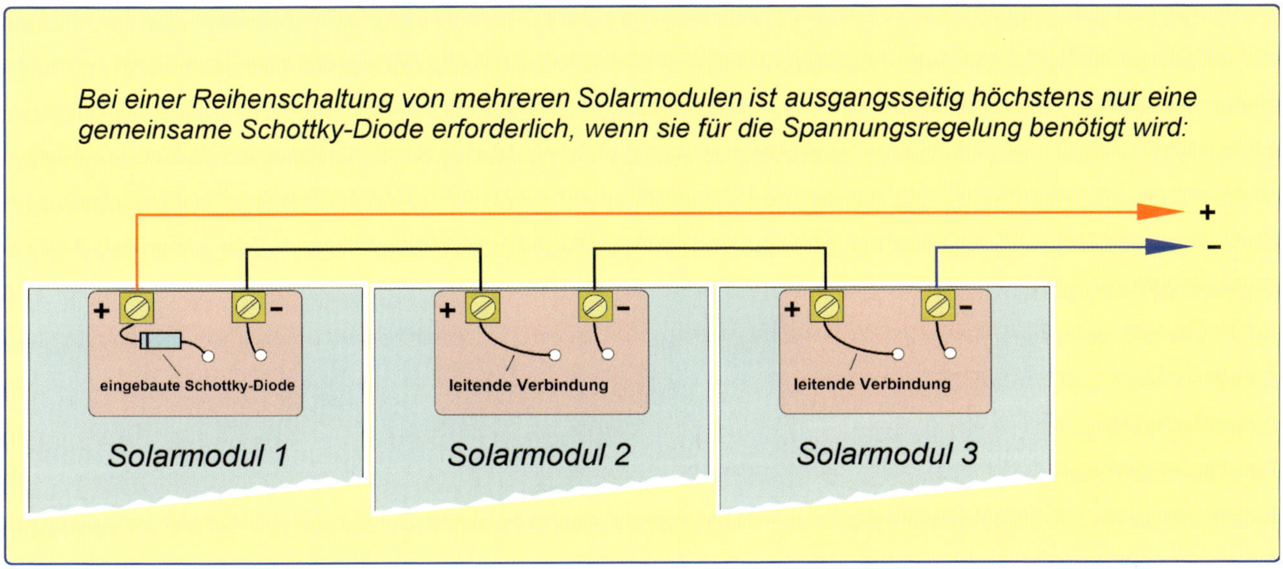

Abb. 7.13 – Wenn mehrere Solarmodule in Reihe geschaltet werden, an deren Anschlussklemmen der Hersteller bereits Schottky-Dioden angebracht hat, sollten diese energiesparend bis auf die letzte Diode (am Plusausgang des Moduls, von dessen Pluspol die Stromzuleitung zum Akku führt) entfernt bzw. mit einem Kupferdraht überbrückt werden.

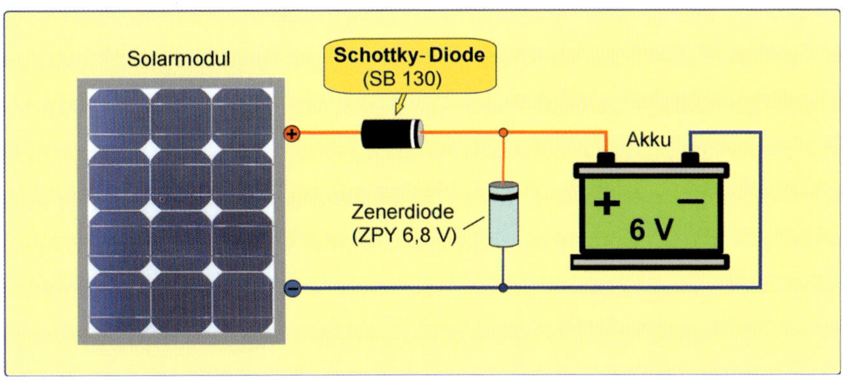

Abb. 7.14 – Eine Schottky-Diode schützt den Akku gegen das Entladen über die Solarzellen: Bei einfacher Ladespannungsregelung mit Hilfe einer Zenerdiode darf die Schottky-Diode nicht fehlen!

7.3 Serieller und paralleler Betrieb mehrerer Solarmodule

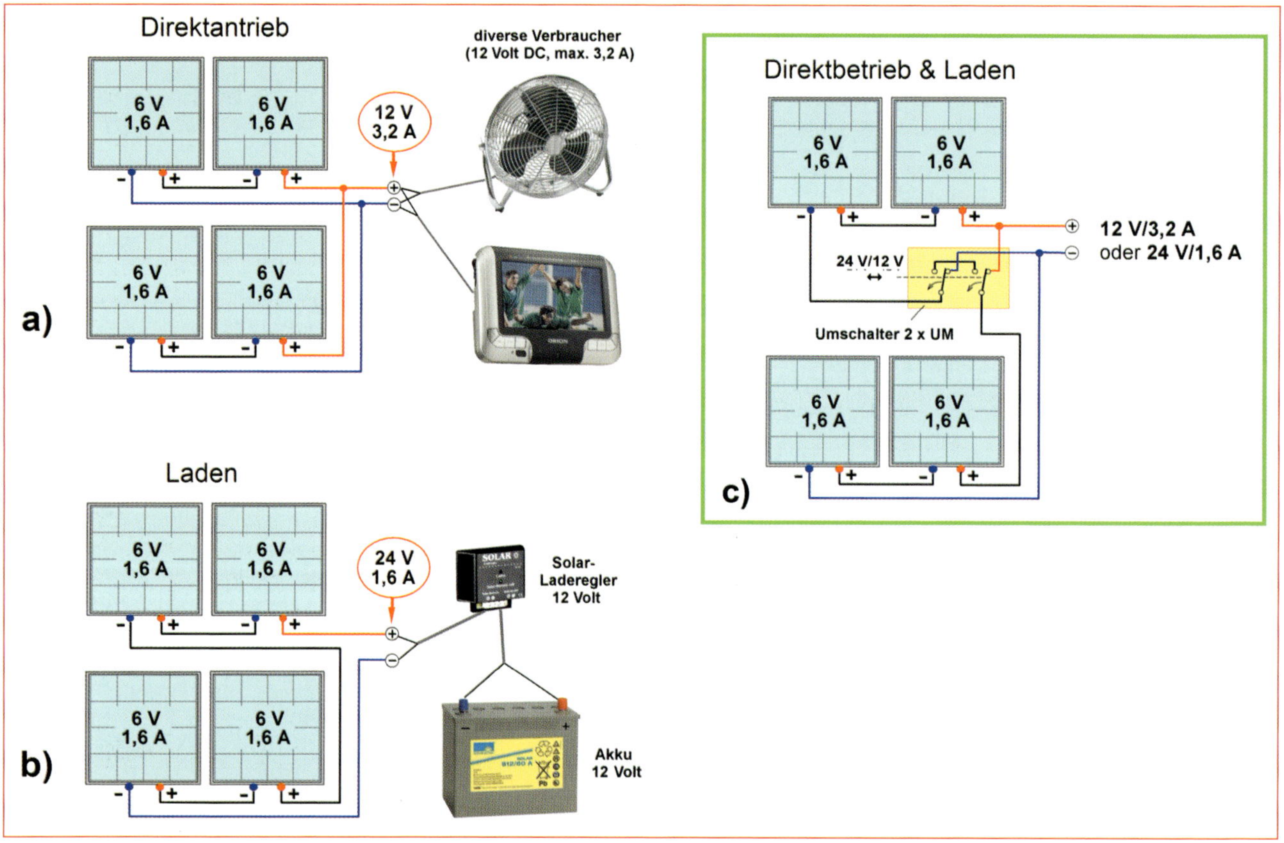

Abb. 7.15 – Anordnungsbeispiel von vier Solarmodulen, die wahlweise für einen Direktantrieb oder für das Laden geschaltet werden: **a)** Für den Direktantrieb von 12-V-Verbrauchern werden die Solarmodule seriell-parallel geschaltet; **b)** für das Laden werden die Module in Reihe geschaltet, um eine höhere Ladespannung zu erhalten, die auch bei etwas ungünstigen Wetterbedingungen bzw. im Winter immer noch zum Nachladen eines Akkus ausreicht. **c)** Mit Hilfe eines zweipoligen Umschalters können die Solarmodule vom Direktantrieb auf Laden umgeschaltet werden.

7.4 Beschattungsempfindlichkeit der Solarmodule

Ein Solarmodul besteht bekanntlich aus einer Reihe von Solarzellen, die eine Kette bilden, bei der der Nennstrom des schwächsten Gliedes für den Ausgangsnennstrom – und somit auch für die Ausgangsleistung – des Moduls bestimmend ist.

Es muss sich dabei nicht unbedingt um eine herstellungsbedingte Schwäche einer der Zellen handeln: Wenn z. B. während des Betriebs eine der Zellen beschattet wird, sinken automatisch ihre Spannungs- und Stromwerte (und somit auch die Leistungswerte) auf ein Niveau, das mit der Abnahme der Bestrahlungsintensität übereinstimmt. Die Beschattung bzw. Teilbeschattung einer einzigen Zelle hat somit einen Leistungsrückgang der ganzen Zellenkette (des ganzen Moduls) zur Folge.

In der Praxis kann so etwas gelegentlich vorkommen: Eine oder mehrere Zellen des Moduls werden am Reisemobildach durch einen Zweig oder durch angewehtes Laub, auf einen Boot z. B. durch einen Mast beschattet. Neben dem Leistungsverlust gibt es bei einer beschatteten Solarzelle noch ein weiteres kritisches Phänomen: Die Zelle kann sich bei Sonnenschein umpolen, eine Sperrspannung erzeugen und durch darauffolgendes Aufheizen das Solarzellenmodul beschädigen oder sogar zerstören.

Das Ganze klingt nun ein wenig abenteuerlich und verdient deshalb eine kurze Erklärung: Wenn sich eine beschattete Zelle wie ein verstopftes Wasserrohr verhält, versuchen die anderen Zellen der Kette, ihren Nennstrom durch diese „Verstopfung" durchzudrücken – vorausgesetzt, dass am Kettenausgang eine entsprechende Belastung vorhanden ist. Falls die Zelle derart beschattet ist, dass ihr Kurzschluss-Strom niedriger wird als der momentane Nennstrom der restlichen Zellen der Kette, kann dies unter Umständen (bei intensiverem Sonnenschein) zur Folge haben, dass sich die Zelle umpolt. Sie stellt somit der treibenden Spannung der restlichen Zellen ihre Sperrspannung entgegen. Dadurch heizt sie sich überproportional auf und kann gegebenenfalls die Gussmasse im Modul derartig aufwärmen, dass diese sich verfärbt oder sogar Blasen bildet.

Beides hat zur Folge, dass die Lichtdurchlässigkeit der Gussmasse abnimmt, wodurch die betroffene Zelle neben einer eventuell länger andauernden Beschattung auch noch diesem zusätzlichen Handicap ausgesetzt wird. Das führt – sofern das Solarmodul weiterhin voll von der Sonne bestrahlt wird – zu weiterem Aufwärmen der Zelle. Wenn der ganze Vorgang länger dauert, wird das Solarzellenmodul unbrauchbar.

Um diese Gefahr zu bannen, werden entweder nach *Abb. 7.16 a* parallel zu jeder Solarzelle oder nach *Abb. 7.16 b* parallel zu einer Sektion der Solarkette *Bypass-Dioden* hinzugefügt. Einige moderne Solarmodule werden sogar mit speziellen Solarzellen bestückt, in deren Siliziumschicht Bypass-Dioden direkt integriert (eingeätzt) sind.

Eine Bypass-Diode funktioniert quasi wie eine Baustellen-Umleitung: Wenn eine der Zellen in *Abb. 7.16 a* beschattet wird, leitet ihre Bypass-Diode den Strom der restlichen Zellen um. Am Modul-Ausgang wirkt sich die Beschattung der Zelle nur als Spannungsverlust (von z. B. 0,46 V) aus. Dieser Spannungsverlust hat zwar ebenfalls einen geringfügigen Rückgang der Modulleistung zur Folge, aber nur in einem mathematischen Verhältnis laut der Formel

Spannung × Strom = Leistung.

Wenn gleichzeitig mehrere Zellen des Moduls beschattet oder teilbeschattet werden, addieren sich verständlicherweise die einzelnen Spannungsverluste zu einem entsprechend größeren Spannungs- und Leistungsendverlust.

7.4 Beschattungsempfindlichkeit der Solarmodule

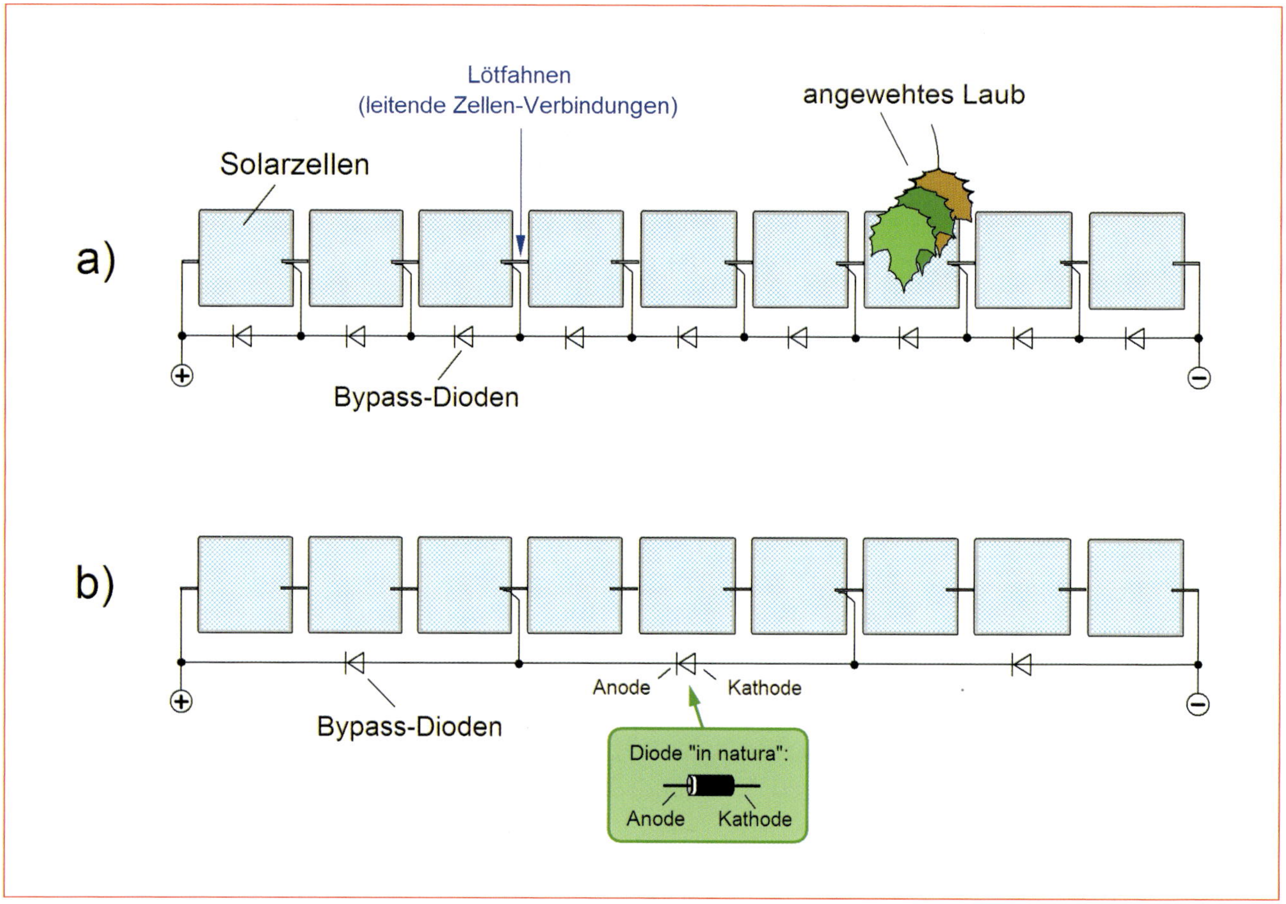

Abb. 7.16 – Anordnungsbeispiele von Bypass-Dioden im Solarmodul: **a)** Jede Solarzelle verfügt über eine eigene Bypass-Diode. **b)** Mehrere Solarzellen werden nur mit einer einzigen Bypass-Diode überbrückt.

Viele Hersteller von Solarmodulen wenden die Bypass-Dioden gar nicht an, andere nur sparsam: Sie überbrücken mit einer Diode jeweils mehrere Zellen, wie in *Abb. 7.16 b* dargestellt. Eine solche Lösung schützt zwar das Solarmodul vor einer Beschädigung oder Zerstörung (was besser ist als nichts), aber eine stärkere Beschattung setzt dann eine ganze Zellensektion völlig außer Betrieb.

Nach unseren Beispielen in *Abb. 7.17/7.18* können bestehende Solarmodule, in denen der Hersteller keine Bypass-Dioden integriert hat, mit zusätzlichen Bypass-Dioden an ihren Anschlussklemmen überbrückt werden. Eine solche Lösung ist vor allem dann erforderlich, wenn z. B. durch unterschiedliche

7.4 Beschattungsempfindlichkeit der Solarmodule

Anordnung und Ausrichtung der Solarmodule jeweils nur einige der Module optimal bestrahlt werden oder wenn angewehtes Laub eine der Solarzellen vorübergehend außer Betrieb setzt.

Bei der Neuanschaffung von Solarmodulen, die für Campingfahrzeuge vorgesehen sind, sollten bevorzugt Module mit Solarzellen verwendet werden, in denen bereits in jeder Zelle eine Bypass-Diode integriert ist. Hier handelt es sich jedoch um spezielle Solarzellen bzw. Solarmodule, die sich aus Kostengründen bisher nicht auf breiterer Basis durchgesetzt haben – wahrscheinlich auch deshalb nicht, weil der Vorteil dieser Zellen den meisten Kunden nicht mit einigen einfachen Sätzen erklärt werden kann. Zudem verfügen diese speziellen Zellen momentan nur über einen einzigen Bypass pro ganzer Zelle. Aus diesem Grund werden sie nur in Solarmodulen eingesetzt, die mit ganzen Zellen bestückt sind und deren Nennstrom oberhalb von ca. 3 A liegt.

Für den Kaufinteressenten ist oft nicht nachvollziehbar, ob oder wie viele Bypass-Dioden in dem einen oder anderen Solarmodul herstellerseitig angebracht wurden. Man kann sich diese Information jedoch vom Anbieter „erzwingen".

Wer über das Phänomen der Zellenbeschattung Bescheid weiß, wird beim Parken seines Caravans oder Reisemobils darauf achten, dass er auch einer kleineren Teilbeschattung des Moduls (die bereits durch einen Mast oder Blätter eines Baumzweiges verursacht werden kann) aus dem Wege geht.

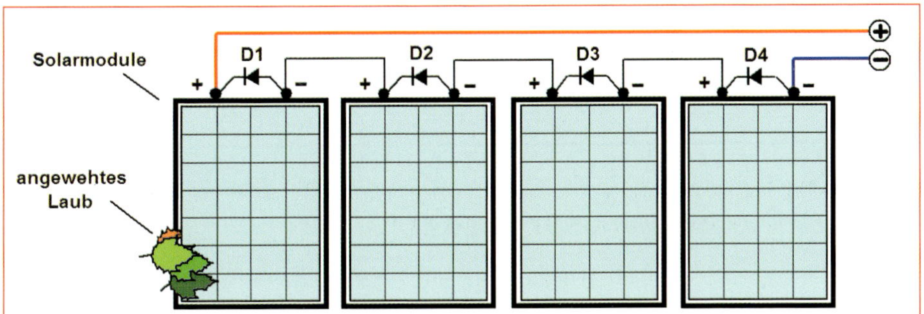

D1 bis D4 - Silizium-Leistungsdioden (als Bypass-Dioden):
BY 550-200 (5 A/200 V) oder P 600 D, R250 D (6 A/200 V) u.ä.

Abb. 7.17 – Hat der Hersteller in seine Fertigmodule keine eigenen Bypass-Dioden integriert, können diese an den Modulanschlussklemmen nachträglich angebracht werden, wenn mehrere Module zu einer Kette geschaltet werden.

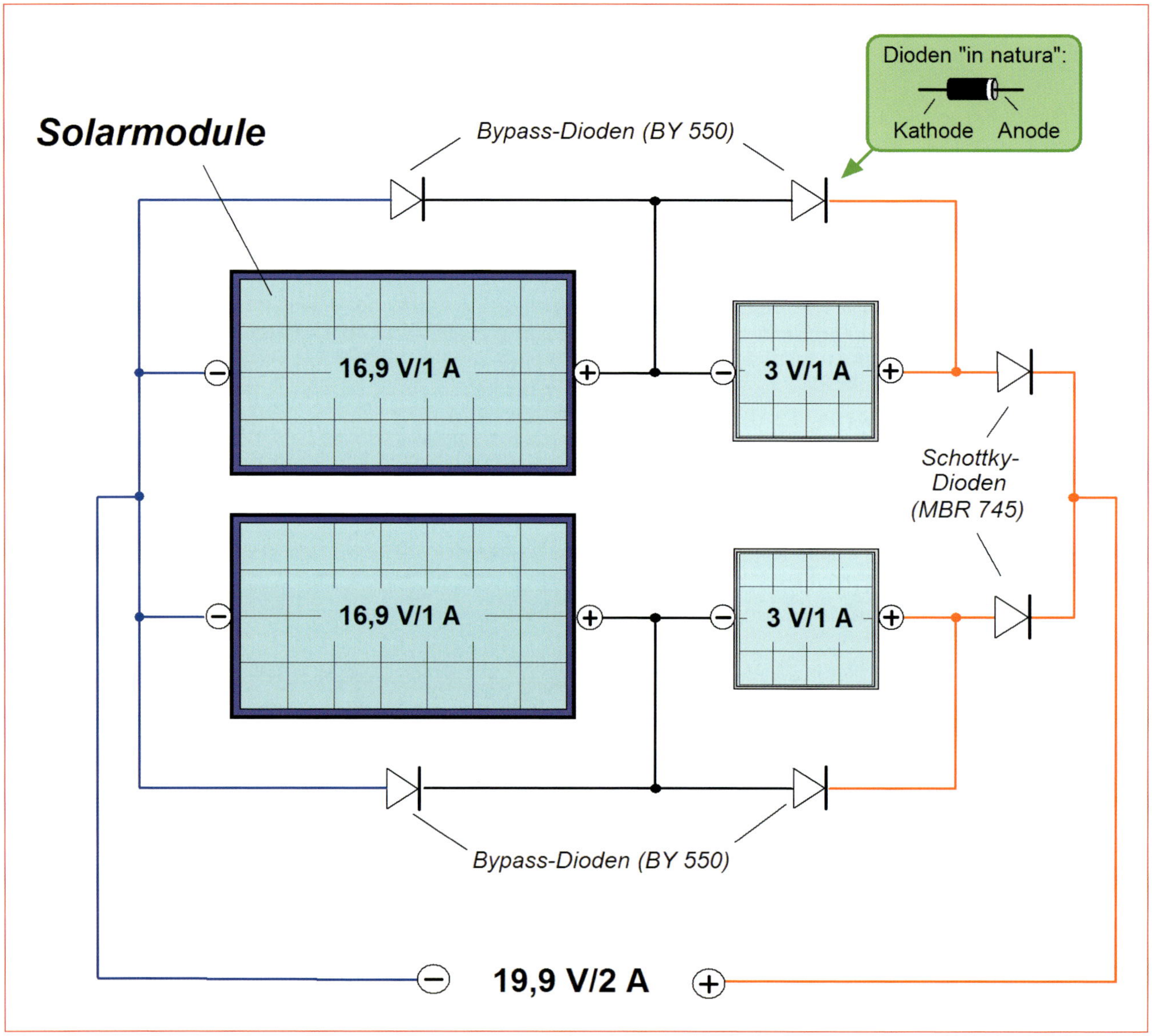

Abb. 7.18 – Anordnungsbeispiel der Bypass- und Schottky-Dioden an seriell-parallel verschalteten Solarmodulen: Auf die richtige Polarität der Dioden ist zu achten!

7.5 Planungsbeispiele für mobile Anwendungen

Bei den meisten konkreten Anwendungen wird es sich nur um eine geringe Anzahl elektrischer Verbraucher handeln, bei denen der Stromverbrauch beispielsweise folgendermaßen aufgelistet werden kann:

Verbraucher:	Betriebsstunden Strombedarf:	Stromverbrauch pro Tag:	pro Tag:
Innenleuchte	0,9 A	0,4 Std.	0,36 Ah
Außenleuchte	1,2 A	0,2 Std.	0,24 Ah
Kaffeekocher (150 W)	12,5 A	0,6 Std.	7,5 Ah
		insgesamt	8,1 Ah

Der hier ermittelte Stromverbrauch von 8,1 Ah pro Tag ist als Verbrauch der zur Verfügung stehenden Batteriekapazität zu betrachten. Dieser Kapazitätsverlust sollte vom Solarmodul wenn möglich täglich oder zumindest ausreichend oft nachgeladen werden.

Wenn wir nun einfachheitshalber annehmen, dass z. B. während eines Urlaubs die Sonne täglich scheinen wird, bleibt nur noch die Frage offen, wie viele Stunden pro Tag das Solarmodul seinen annähernd vollen Nennstrom (als Ladestrom) liefern wird. Dies hängt natürlich von der Jahreszeit ab. Angenommen es ist Sommer, können wir damit rechnen, dass das Modul in etwa bis zu neun Stunden täglich den benötigten Ladestrom liefern wird.

Einen kleinen Schönheitsfehler hat das Laden einer normalen Bleibatterie: Die Ladeverluste betragen bis zu 20 % (es handelt sich um eine ziemlich komplizierte chemische Umwandlung). Macht nichts! Wir müssen den Nachladebedarf einfach um diese 20 % erhöhen, und das Problem ist gelöst: Anstelle der 8,1 Ah fallen daher **9,72 Ah** an **Tagesverbrauch** an, die irgendwann nachgeladen werden müssen, denn 8,1 Ah × 1,2 = 9,72 Ah.

Wer bereits mit dem Nachladen seiner Autobatterie Erfahrung hat, dem ist bekannt, dass eine solche Batterie einen vollen – bzw. zur Verfügung stehenden – Ladestrom nur jeweils am Anfang des Ladens bezieht. Danach sinkt der von ihr bezogene Ladestrom umso mehr, je mehr sie aufgeladen ist (je höher ihre jeweilige Spannung ist). Aus diesem Grund dauert das Nachladen einer Batterie wesentlich länger, da sie sich nicht dazu zwingen lässt, den vollen Ladestrom zu beziehen, den ihr unter günstigen Wetterbedingungen ein Solarmodul, ein Windgenerator oder eine beliebige andere Spannungsquelle problemlos liefern könnte.

Aus diesem Grund müssen sowohl die Batteriekapazität als auch die Leistung der Ladestromquelle (= des Solarmoduls oder Windgenerators) wesentlich höher sein, als rein rechnerisch für die Deckung des Tagesbedarfs erforderlich wäre.

In der Praxis muss allerdings eine Batterie als Energiespeicher nicht „bis zum Geht-nicht-mehr" aufgeladen werden, sondern es genügt, wenn sie so nachgeladen wird, dass ihre Spannung zumindest den Nennwert erreicht. Unter dem Begriff „Nennwert" verstehen wir die offizielle Spannung einer Batterie, die z. B. bei einer Autobatterie 12 V beträgt – vorausgesetzt, der angewendete Tiefentladeschutz benötigt nicht eine etwas höhere Einschaltspannung (von z. B. 12,5 V), um die bereits abgeschalteten Verbraucher wieder ein-

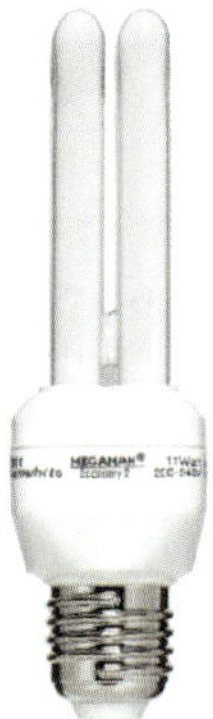

Bei den meisten Lampen wird nur die Betriebsspannung (in **V**olt) und die bezogene Leistung (in **W**att) angegeben. Für Fotovoltaik-Anwendungen können wir uns den Strom, den die Lampe vom Akku bezieht, leicht ausrechnen:

Leistung [**W**att] **: Spannung** [**V**olt] = **Strom** [**A**mpere]

Beispiel: eine 12-V/15-W-Lampe bezieht einen Strom von

15 W : 12 V = 1,15 A

Um die benötigte Akku-Kapazität auszurechnen, die für die Beleuchtung beansprucht wird, brauchen wir nur den von der Lampe bezogenen Strom mit der vorgesehenen Leuchtdauer (in Stunden) zu multiplizieren.

*Beispiel: Bezieht eine Lampe eine Stunde lang vom Akku einen Strom von 1,15 Ampere, entzieht sie dem Akku von seiner vorhandenen Kapazität **1,15 Amperestunden (Ah).** Leuchtet die Lampe 3 Stunden täglich, entzieht sie dem Akku **3,45 Ah** (3 Std. x 1,15 Ah = 3,45 Ah). Diese 3,45 Ah sollten von dem angewendeten Solarmodul oder Windgenerator im Durchschnitt täglich nachgeladen werden.*

Bei den Geräten der Unterhaltungselektronik wird - ähnlich, wie bei den vorhergehenden Lampen - meist auch nur die Betriebsspannung (in **V**olt) und die Abnahmeleistung (in **W**att) aufgeführt. Den Strom, den das Gerät vom Akku bezieht, können wir uns nach der bereits aufgeführten Formel ausrechnen:

Leistung [**W**att] **: Spannung** [**V**olt] = **Strom** [**A**mpere]

Beispiel: *ein 12-V/30-W-Fernseher bezieht einen Strom von **30 W : 12 V = 2,5 A***

Wird dieser Fernseher 2 Stunden pro Tag betrieben, verbraucht er von der Akku-Kapazität 5 Ah täglich.

Abb. 7.19 – Zwei Planungsbeispiele für eine schnelle Orientierung.

schalten zu können. Die 12 V stellen jedoch gewissermaßen nur eine Momentaufnahme der Spannung einer Autobatterie dar. In Wirklichkeit bewegt sich die Spannung einer Autobatterie zwischen ca. 11 V (wenn sie weitgehend entladen ist) und ca. 14 V (wenn sie voll aufgeladen ist).

Was von der Kapazität (= dem energetischen Inhalt) einer Batterie täglich oder wöchentlich bezogen wird, muss wieder nachgeladen werden (wobei die ca. 20 % Ladeverluste nicht außer Acht gelassen werden dürfen).

Wenn vor kürzeren Ausflügen die Solarbatterie voll aufgeladen wird, liegt es im persönlichen Ermessen, inwieweit ein bescheidenes Nachladen genügen könnte, um den vorgesehenen Stromverbrauch zu decken – oder inwieweit man eventuell auf einige Anwendungen von elektrischen Verbrauchern verzichten kann. Bei längeren Ausflügen muss dagegen das Nachladen gut durchdacht, durchgerechnet und so ausgetüftelt werden, dass die Batterie die ihr entzogene Energie auch wieder zurückerhält.

Wie wir bereits an anderer Stelle angesprochen haben, kann z. B. eine Autobatterie, eine Bordbatterie oder eine zusätzliche Zweitbatterie von der Fahrzeug-Lichtmaschine auch während des Fahrens bei Tageslicht nachgeladen werden. Sofern der Akku als Energiespeicher nur von einem Solar- und/oder Windgenerator geladen werden kann, muss die Leistung dieser Ladestromquellen angemessen großzügig dimensioniert werden, um sowohl die Launen des Wetters als auch unkooperatives Ladeverhalten des Akkus abzufangen.

Als Faustregel kann dabei gelten, dass der Ladestrom mindestens so hoch gewählt sein sollte, dass bei richtig eingeschätzten voraussichtlichen Wetterbedingungen das Solarmodul und/oder der Windgenerator einen Ladestrom liefern können, der den verbrauchten Anteil der Batteriekapazität nachliefern kann. Die Batteriekapazität muss dabei so hoch gewählt werden, dass sie das Zehnfache des höchstmöglichen Ladestroms nicht unterschreitet.

Nun stellt sich die Frage, wie diese Ladeportionen vernünftig verteilt werden können. Mit reiner Mathematik lässt sich bei einem solchen Anliegen nur in Kombination mit der Einschätzung der Wetteraussichten etwas Sinnvolles anfangen.

Angenommen, wir haben uns für unser Vorhaben eine 12-V-/120-Ah-Batterie angeschafft, möchten von ihr die bereits erwähnten 8,1 Ah pro Tag beziehen und den Nachladebedarf von 70 Ah pro Woche als Richtwert betrachten.

Wir müssten uns an erster Stelle überlegen, von wie vielen Ladestunden pro Woche wir überhaupt ausgehen dürfen. Eine Woche hat sieben Tage, und wenn dabei die Sonne an allen Tagen die Solarzellen eines Solarmoduls mit ihren Photonen ausreichend kräftig und senkrecht etwa neun bis elf Stunden lang bombardieren würde, kämen wir auf insgesamt 63 bis 77 Ladestunden pro Woche. Rein mathematisch würde hier ein Ladestrom von 1 A den wöchentlichen Nachladebedarf abdecken. Dies würde jedoch zwei Bedingungen voraussetzen:

a) Das Wetter müsste optimal mitspielen und das Solarmodul müsste selbstverständlich laufend gegen die Sonne ausgerichtet (nachgeführt) werden.
b) Die Batterie müsste sich kooperativ zeigen und den vollen Ladestrom von 1 A durchlaufend beziehen – was nur bedingt möglich ist, denn sie bezieht in der

7.5 Planungsbeispiele für mobile Anwendungen

Endphase des Nachladens automatisch nur einen niedrigeren Ladestrom. In der Praxis brauchen wir allerdings nicht unbedingt anzustreben, dass die Batterie vollständig (auf ihre volle Kapazität von 110 Ah) aufgeladen ist. Bei einem solchen Urlaubseinsatz genügt es, wenn sie einfach immer ausreichend viel Energie für die nächsten Tage gespeichert hat und z. B. nur mehr oder weniger laufend auf eine Kapazität zwischen ca. 60 und 90 Ah nachgeladen wird.

Abb. 7.20 – Bereits ein einziges mittelgroßes Solarmodul, das hier als Beispiel auf dem Dach eines Reisemobils installiert ist, kann an einem sonnigen Tag die Bordbatterie um bis zu 40 Ah nachladen.

Beispiel

Angenommen, unsere elektrischen „Urlaubs-Verbraucher" beziehen von einer Batterie die vorher ausgerechneten 8,1 Ah pro Tag. Beim Nachladen dieser 8,1 Ah entstehen noch ca. 20 % Ladeverluste. Das ergibt aufgerundet 10 Ah pro Tag.

Eine wichtige Rolle spielt hier neben den voraussichtlichen Wetterbedingungen die Frage, wie lange die Batterie als Energiespeicher ihre Aufgabe meistern soll. Würden wir z. B. die in diesem Beispiel angesprochene 120-Ah-Batterie vor einer dreiwöchigen Reise zu Hause voll aufladen und danach täglich einen Strom von 8,1 Ah von ihr beziehen, ergäbe das rein rechnerisch einen Ah-Verbrauch von ca. 170 Ah (21 Tage × 8,1 Ah = 170,1 Ah). Hypothetisch müssten wir davon schlimmstenfalls nur die „fehlenden" 50 Ah unterwegs nachladen, um den gesamten Strombedarf abzudecken. Da etwa 20 % auf Ladeverluste entfallen, müssten insgesamt ca. 60 Ah nachgeladen werden – theoretisch. Für die Praxis sind solche Berechnungen selbstverständlich nur als Richtwerte zu betrachten.

Wichtig

In unseren Haushalten rechnen wir beim Stromverbrauch mit Kilowattstunden (kWh). Dasselbe könnten wir auch bei der Abnahme elektrischer Leistung von einem Akku machen. Da jedoch der Akku, im Vergleich zum öffentlichen elektrischen Netz, den elektrischen Strom nur so lange liefern kann, solange sein gespeicherter Vorrat an **Amperestunden (Ah)** reicht, ist es besser, wenn bei diesem Energiespeicher die Amperestunden gezählt werden. Im Endergebnis handelt es sich um dasselbe, aber bei einem Akku müssen wir immer seine Kapazität in Amperestunden im Auge behalten, was sich rechnerisch leicht unter Kontrolle halten lässt.

So haargenau müssen wir jedoch nicht analysieren, denn das Nachladen wird ohnehin sowohl aufgrund der Wetterbedingungen als auch aufgrund anderer Umstände – darunter der Ausrichtung des Moduls gegen die Sonne – nicht mathematisch perfekt stattfinden. Das lässt sich aber dadurch abfangen, dass wir bei diesem Beispiel das Nachladen etwas großzügiger gestalten. Auch das ist kein Problem – vorausgesetzt das Wetter spielt einigermaßen mit und die Sonne zeigt sich während der drei Urlaubswochen zumindest ab und zu.

Gehen wir davon aus, dass während der angesprochenen drei Urlaubswochen die Sonne überwiegend scheinen wird, ist das Nachladen der 60 Ah nicht schwierig. Hier könnte eigentlich ein ziemlich kleines (z. B. 17-V-/0,5-A-)Solarmodul das Nachladen meistern. An einem einzigen sonnigen Tag könnten dann ca. 4 bis 5 Ah nachgeladen werden. Wenn von den 21 Tagen die Sonne etwa 15 Tage lang mitspielt, wäre das Nachladen zumindest theoretisch bewältigt. Und praktisch? Da planen wir einfach ein etwas größeres Solarmodul (z. B. 17 V/0,7 bis 1 A) ein und verringern somit präventiv die unberechenbaren Risiken.

Diese Vorinformation hat allerdings nur den Stellenwert eines einfachen Wegweisers. Zum Glück kann ein zu schwach dimensioniertes Solarmodul mit einem Zweitmodul oder eine zu schwach dimensionierte Batterie mit einer Zweitbatterie nachgebessert werden. Und wenn Sie im Zusammenhang mit solchen Planungsüberlegungen weniger Vertrauen in die Natur oder in Ihre Einschätzung des Verbrauchs haben, dann dimensionieren Sie einfach von vorneherein sowohl die Batterie als auch den Solargenerator etwas großzügiger.

Die Höchstgrenze des Stromverbrauchs wird allerdings in den meisten Fällen u. a. von der Anzahl der Solarmodule abhängen, die sich für das Vorhaben z. B. auf einem Fahrzeugdach, auf einem Boot, im Auto-Kofferraum oder im Rucksack unterbringen lassen. Der Stromverbrauch wird jeweils einfach als Entnahme der Batteriekapazität betrachtet, wobei man vom Prinzip des Weinfassinhalts (aus Kapitel 1.1) ausgeht.

7.6 Planungsbeispiele für stationäre Anwendungen

Wer seine Freizeit in einem Wochenend- oder Schrebergartenhäuschen verbringt, das keinen Netzanschluss hat, dem dürfte eine kleine Photovoltaik-Anlage das Leben sehr erleichtern. Ein einfaches Planungsbeispiel zeigt *Abb. 7.21*, in der als Planungs-Grundlage der Tagesverbrauch an Amperestunden aufgelistet ist, die von der Anlagen-Batterie bezogen werden. Die Anzahl der hier aufgeführten elektrischen Verbraucher, sowie auch ihre vorgesehene Betriebsdauer stellen ein Beispiel dar, dass nur den Vorgang bei den Planungsüberlegungen verdeutlicht.

Bei einem Wochenendhäuschen, das z. B. nur zwei bis drei Tage pro Woche bewohnt wird, kann der Planung der wöchentliche Ah-Verbrauch nach *Abb. 7.22* zugrunde liegen.

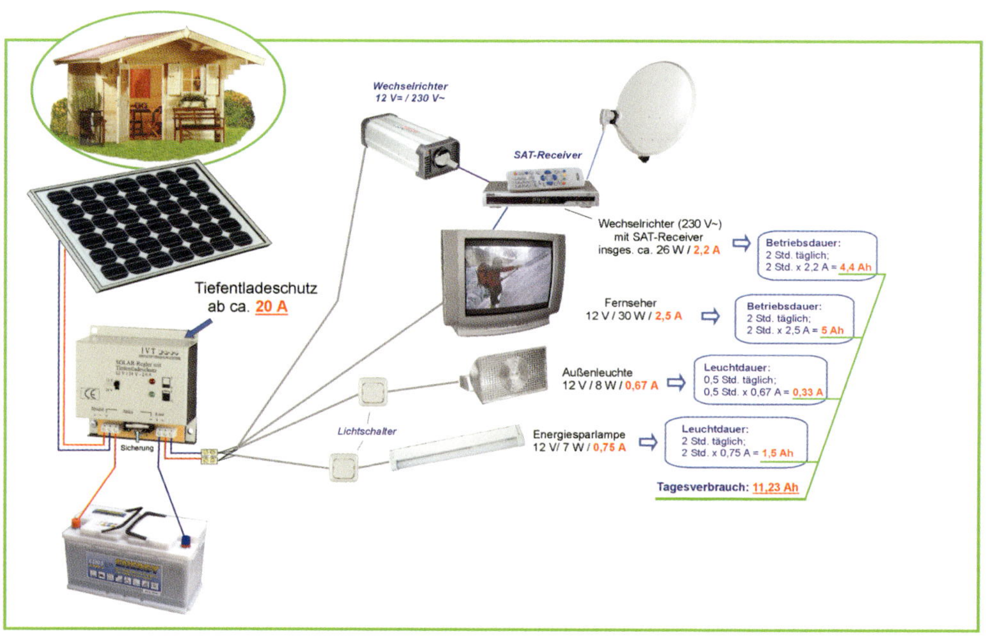

Abb. 7.21 – Planungsbeispiel einer kleinen stationären Photovoltaik-Anlage der die Berechnung des Tagesverbrauchs zu Grunde liegt

Die Wahl des passenden Solarmoduls hängt u. a. von den Ansprüchen an die Zuverlässigkeit des Nachladens ab: Gibt man sich damit zufrieden, dass das Nachladen von ca. 120 Ah (100 Ah-Verbrauch + Ladeverluste von 20 Ah) innerhalb von ca. 14 sonnigen Tagen erfolgen sollte, ergibt es einen Ladestrom (Solarmodul-Nennstrom) von etwa 8,6 Ah pro Tag (120 Ah : 14 Tage = 8,57 Ah). Wählen wir zu diesem Zweck ein Solarmodul mit einem Nennstrom von ca. 1 A aus, dürfte es mit dem Nachladen klappen. Die Modul-Nennspannung sollte – in Hinsicht auf das Laden während der etwas kühleren Jahreszeit – bevorzugt ca. 18 bis 20 Volt betragen. Das angewendete Solarmodul müsste demzufolge für 15 bis 20 V / 1 A / 18 bis 20 W ausgelegt sein. Ein Solarmodul mit einem Nennstrom von z. B. 1,2 bis 1,5 A würde allerdings die Anlagenbatterie entsprechend schneller nachladen und somit auch längere sonnenarme Perioden leichter überbrücken können.

Eine gehobene Aufmerksamkeit verdient die Anwendung des Wechselrichters. Dieser wird nur dann benötigt, wenn es erwünscht ist, Geräte zu betreiben, die nur als Netzgeräte zur Verfügung stehen. Netzgeräte sind allerdings meist „hungrige" Stromfresser – was jedoch in diesem Beispiel nicht zutrifft, denn der eigentliche Sat-Receiver hat einen ziemlich geringen Verbrauch (obwohl es typenbezogen variieren kann). An dem „Anschluss-Verbrauch" partizipiert hier allerdings auch der Wechselrichter. Abgesehen davon wird an so einen Wechselrichter gelegentlich auch ein anderes Netzgerät angeschlossen. Daher der Hinweis beim Tiefentladeschutz, dass dieses Gerät zumindest 20 A verkraften müsste. Dies gilt jedoch nur für sehr kleine Netzgeräte, denn 20 A multipliziert mit 12 Volt ergeben eine Leistung von bescheidenen 240 Watt. Wird ein Wechselrichter verwendet, der für eine höhere Leistung als die 240 Watt ausgelegt ist, muss der Tiefentladeschutz (und seine Sicherung) die höhere Leistung auch verkraften können.

Die Formel lautet:

Leistung (des Wechselrichters) in Watt : Batterie-**Nennspannung** (in Volt) = **Strom** (in Ampere)

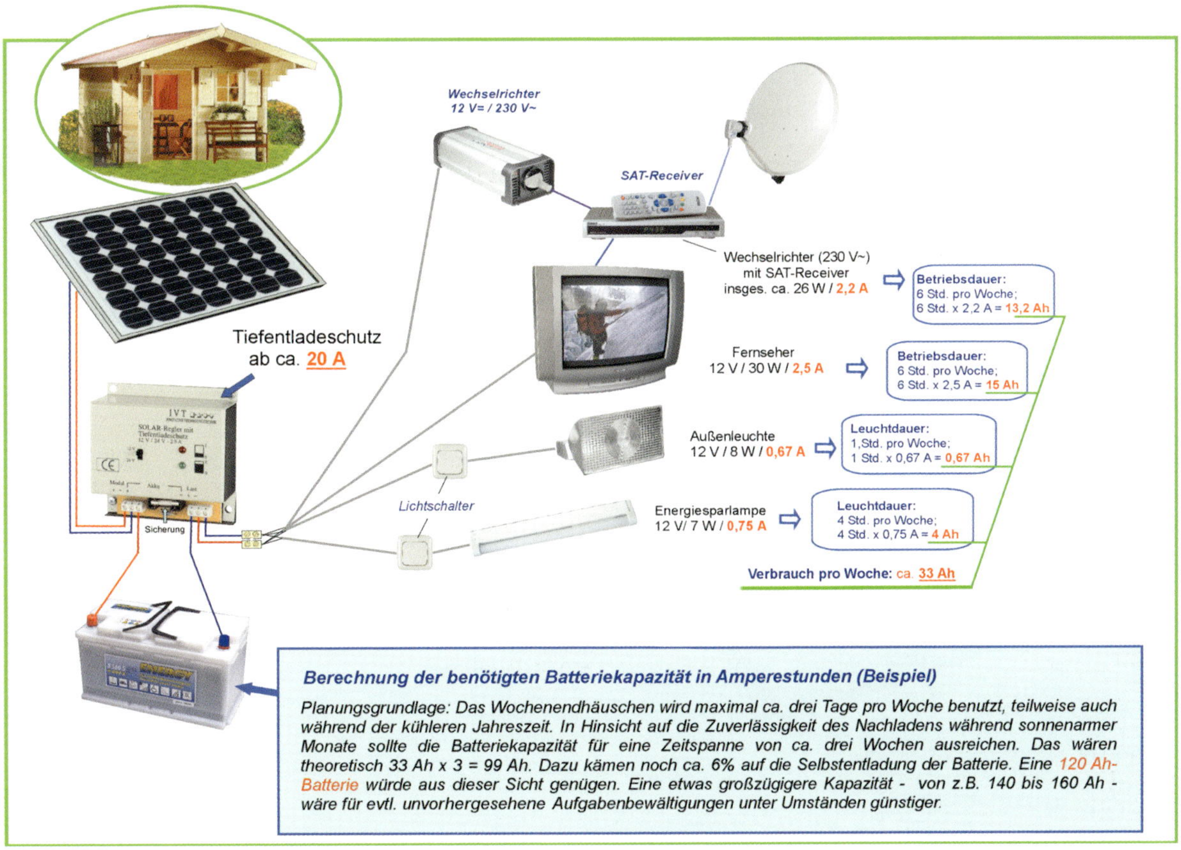

Abb. 7.22 – Planungsbeispiel einer kleinen stationären Photovoltaik-Anlage, die vom wöchentlichen Amperestunden-Verbrauch ausgeht

7.6 Planungsbeispiele für stationäre Anwendungen

Beispiel

An eine 12-Volt-„Solarbatterie“ wird ein 600-Watt-Wechselrichter angeschlossen.

600 W : 12 V = 50 A

Diese 50 A sollte der Tiefentladeschutz verkraften können. Andernfalls muss der Wechselrichter nach *Abb. 7.23* direkt an die Anlagen-Batterie angeschlossen werden. Um eine zu tiefe Entladung der Batterie zu vermeiden, sollte hier unbedingt ein Kontroll-Voltmeter angeschlossen werden, der z. B. als Kfz-Zubehör erhältlich ist.

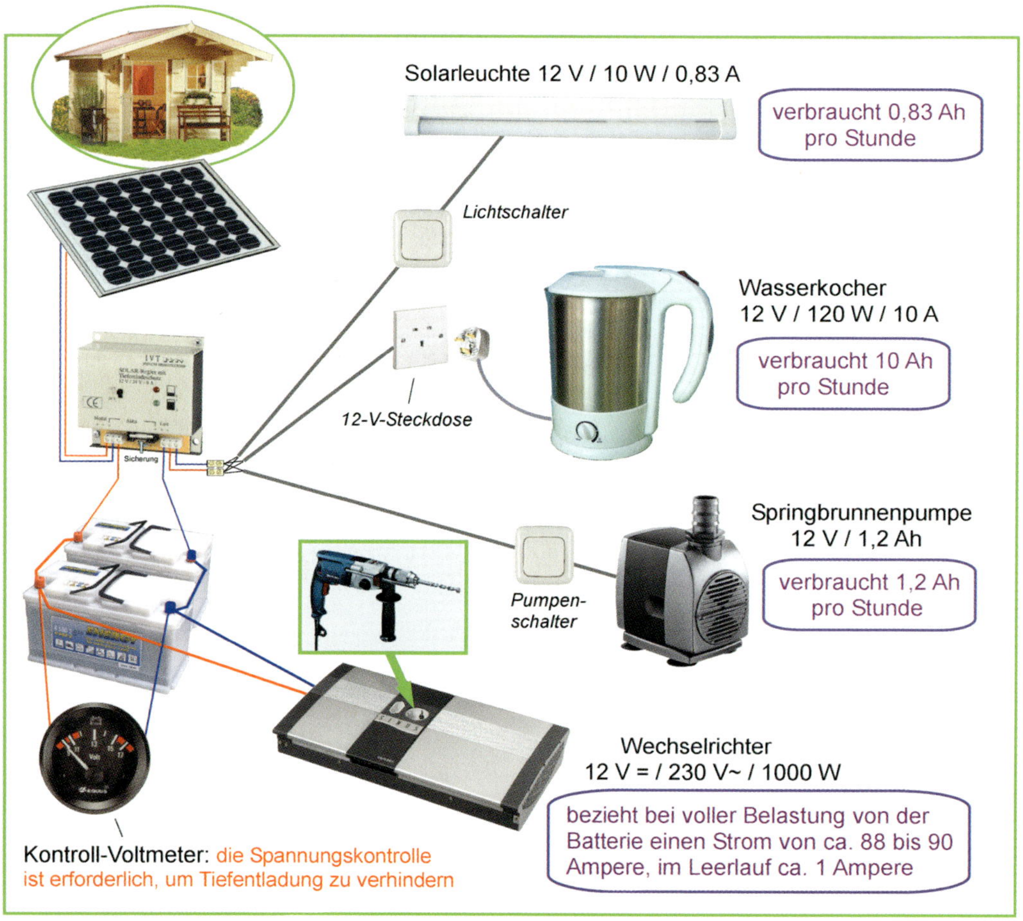

Abb. 7.23 – Planungsbeispiel einer Photovoltaik-Anlage mit einem größeren Wechselrichter, der evtl. nur bedarfsbezogen an die Anlagen-Batterie angeschlossen wird, wenn ein kräftigeres Elektrowerkzeug eingesetzt werden soll

8 Installationsmaterialien für Solar- und Windenergietechnik

8 Installationsmaterialien für Solar- und Windenergietechnik

Soweit eine Photovoltaik- oder Windgeneratoren-Anlage nur für eine niedrige Spannung ausgelegt wird, die – bis 60 V – keinen Vorschriften unterliegt, darf man für Installations- und Montagezwecke alle nur denkbaren Elektro- oder Elektronikmaterialien beliebig einsetzen. Auf folgende wichtige Punkte sollte jedoch geachtet werden:

- Niederspannungsverbraucher haben einen wesentlich höheren Strombedarf als die gängigen Netzstrom-Geräte. Die Leitungsdurchmesser müssen daher ähnlich groß sein wie z. B. bei der Autoelektrik.
- Für eine niedrigere Solarspannung sollten – um einer Verwechslung vorzubeugen – keine Steckdosen oder Steckverbindungen verwendet werden, die für 230-V-Wechselspannungsinstallationen bestimmt sind.
- Auch Niederspannung kann Brände verursachen. Als Schwachstellen sind hier vor allem schlechte (lockere) Schraubverbindungen anzusehen. Daher sollten solche Verbindungen sehr sorgfältig ausgeführt und grundsätzlich in Installationsdosen untergebracht werden.

Ansonsten ist – wie bei allen handwerklichen Tätigkeiten – auf Perfektion der ausgeführten Arbeit und auf Einhaltung aller Sicherheitsmaßnahmen zu achten.

Für **Solarstromleitungen** eignen sich alle gängigen Materialien der Elektroinstallations- oder Kfz-Technik. Der Querschnitt eines Installationsdrahts oder Kabels sollte an die vorgesehene Stromabnahme angepasst werden und wird in **mm²** angegeben:
Diese Querschnitte gelten sowohl für Drähte als auch für flexible Leitungen zu diversen Verbrauchern bzw. zum Solarmodul. Die angegebene Maximallänge der Kabel bezieht sich auf Zwei-Ader-Leitungen.

Kupferdraht Querschnitt in mm²:	Ohmscher Widerstand pro 1 m Länge:	Anwendung für Leitungen:
1	0,0178 Ω	Alarmsensoren, Minigeräte, LEDs
1,5	0,0117 Ω	Zuleitungen von max. 0,5 A/7 m Länge
2,5	0,007 Ω	Zuleitungen von max. 1,2 A/7 m Länge
4	0,0045 Ω	Zuleitungen von max. 2,5 A/7 m Länge
6	0,003 Ω	Zuleitungen von max. 5 A/7 m Länge
10	0,00175 Ω	Zuleitung von 3-A-Solarmodulen
16	0,00112 Ω	Zuleitung von 5-A-Solarmodulen
25	0,0071 Ω	Zuleitung von 10-A-Solarmodulen bzw. 10-A-Stromleitungen

Gefällt Ihnen dieses Buch? Vielleicht sind Sie an weiteren Themen interessiert, die von **Bo Hanus** verfasst und vom **Franzis Verlag** herausgegeben wurden? Hier die Übersicht der aktuellen Titel:

- Wie nutze ich Solarenergie in Haus und Garten? *(7. Auflage, 128 S.)*
- Solar-Dachanlagen selbst planen und installieren *(2. Auflage, 128 S.)*
- Hausversorgung mit alternativen Energien *(neu, 128 S.)*
- Digitale SAT-Anlagen selbst installieren *(neu, 128 S.)*
- Spaß & Spiel mit der Solartechnik *(112 S.)*
- Wie nutze ich Windenergie in Haus und Garten? *(3. Auflage, 97 S.)*
- Das große Anwenderbuch der Windgeneratoren-Technik *(319 S.)*
- Das große Anwenderbuch der Solartechnik *(2. Auflage, 367 S.)*
- Solaranlagen richtig planen, installieren und nutzen *(2. Auflage, 300 S.)*
- Haushaltselektronik selbst reparieren *(neu, 128 S.)*
- Elektrische Haushaltsgeräte selbst reparieren *(neu, 128 S.)*
- Haushaltselektrik selbst installieren und reparieren *(neu, 128 S.)*
- Öl- und Gasheizung selbst warten und reparieren *(neu, 128 S.)*
- Sanitäranlagen selbst reparieren *(neu, 128 S.)*
- Der leichte Einstieg in die Elektrotechnik *(219 S)*
- Drahtlos schalten, steuern und übertragen in Haus und Garten *(234 S.)*
- Drahtlos überwachen mit Mini-Videokameras *(205 S.)*
- Experimente mit superhellen Leuchtdioden *(neu, 153 S.)*
- Schalten, Steuern und Überwachen mit dem Handy *(2. Auflage, 97 S.)*
- Elektroinstallationen in Haus und Garten – echt leicht! *(97 S.)*
- Der leichte Einstieg in die Mechatronik *(neu, 268 S.)*
- Der leichte Einstieg in die Elektronik *(5. Auflage, 363 S.)*
- So steigen Sie erfolgreich in die Elektronik ein *(4. Auflage, 97 S.)*
- Spaß & Spiel mit der Elektronik *(120 S.)*
- Erfolgreicher Service elektronischer Musikinstrumente *(343 S.)*
- Das große Anwenderbuch der Elektronik *(2. Auflage, 351 S.)*
- Selbstbau-Roboter für Alarm- & Sicherheitsaufgaben *(172 S.)*
- Kampfspiel-Roboter im Selbstbau – Robot WARS *(97 S.)*

Bemerkung: Einige der hier aufgeführten Bücher sind möglicherweise inzwischen im Buchhandel vergriffen, stehen aber in städtischen Büchereien als Leihbücher zur Verfügung oder werden dort für den Interessenten besorgt.

Lieferantenhinweis
(auch für Kataloganforderung)**:**

Conrad Electronic,
Klaus-Conrad-Str. 1,
92240 Hirschau
Tel. 0180/5 31 21 11,
Fax 0180 / 5 31 21 10
www.conrad.de

ELV
Tel.: 04 91/60 08 88,
Fax: 0491/70 16
www.elv.de

Westfalia
Werkzeugstraße 1,
58082 Hagen
Tel.: 01 80/5 30 31 32,
Fax: 01 80/5 30 31 30
www.westfalia.de

Stichwortverzeichnis

Stichwortverzeichnis

Stichwortverzeichnis